冷轧产品质量缺陷
图谱及解析

张向英 著

北京

冶金工业出版社

2023

内 容 提 要

本书从实用角度出发，对冷轧产品的各种质量缺陷从定义与特征、图谱、原因分析、危害、鉴别方法及解决措施几个方面进行阐述，可使读者全面认识冷轧生产过程中常见的产品质量缺陷，了解缺陷产生的原因并进行分析，制定出相关的解决措施。

本书可供从事冷轧生产的技术人员和冷轧车间的操作人员阅读，也可供高等院校、研究院所冶金、材料等相关专业师生和研究人员参考。

图书在版编目（CIP）数据

冷轧产品质量缺陷图谱及解析／张向英著．—北京：冶金工业出版社，2012.6（2023.8 重印）
ISBN 978-7-5024-5973-4

Ⅰ．①冷… Ⅱ．①张… Ⅲ．①冷轧—产品质量—图解
Ⅳ．①TG335.12-64

中国版本图书馆 CIP 数据核字（2012）第 122117 号

冷轧产品质量缺陷图谱及解析

出版发行	冶金工业出版社	**电　话**	（010）64027926
地　址	北京市东城区嵩祝院北巷 39 号	**邮　编**	100009
网　址	www.mip1953.com	**电子信箱**	service@mip1953.com

责任编辑　杨　敏　美术编辑　彭子赫　版式设计　孙跃红
责任校对　李　娜　责任印制　禹　蕊
北京虎彩文化传播有限公司印刷
2012 年 6 月第 1 版，2023 年 8 月第 3 次印刷
880mm×1230mm　1/32；6.25 印张；167 千字；189 页
定价 26.00 元

投稿电话　（010）64027932　投稿信箱　tougao@cnmip.com.cn
营销中心电话　（010）64044283
冶金工业出版社天猫旗舰店　yjgycbs.tmall.com
（本书如有印装质量问题，本社营销中心负责退换）

前　言

近年来冷轧行业发展迅速，冷轧产品的应用范围不断扩大，同时，相关企业之间的竞争也日趋激烈。在这种情形下，如何保证和提高冷轧产品质量的问题就显得越来越重要。作者在冷轧企业从事生产、设计和技术管理工作十几年，深感产品质量的重要性。为了提高冷轧产品质量水平，为从事冷轧生产的技术人员和操作人员提供一点参考资料，着手撰写了本书。本书对冷轧生产各工序常见的产品质量缺陷进行了描述，很多内容都是作者在生产实践中试验、摸索、总结出来的，希望能对冷轧生产实际工作起到一定的指导作用。

本书是以冷轧生产的一般工艺过程为顺序进行编写的。冷轧生产工序包括酸洗、冷轧、退火、平整、精整、镀锌、彩涂和镀锡等。第1章以盐酸酸洗为例描述了普碳钢连续酸洗和非连续酸洗常见的产品质量缺陷；第2章描述了冷轧过程中常见的产品质量缺陷；第3章描述了罩式炉退火过程中常见的产品质量缺陷；第4章描述了平整过程中常见的产品质量缺陷；第5章描述了精整（包括脱脂、纵剪、拉矫和开平）过程中常见的产品质量缺陷；第6章以热镀锌为例描述了镀锌过程中常见的产品质量缺陷；第7章描述了彩涂过程中常见的产品质量缺陷；第8章以酸性型为例描述了电镀锡过程中常见的产品质量缺陷；第9章描述了冷轧生产各工序均可能产生的共性质量缺陷，以及储存、运输过程中产生的产品质量缺陷。

特别说明一点，每个企业都有每个企业延续的习惯，对于产品质量缺陷的名称或者是叫法可能不尽相同，但是缺陷的特征、产生的原因、造成的危害及解决措施都是一样的，所以希望读者在阅读本书时不要拘泥于产品质量缺陷的名称。另外，考虑到各个企业设备条件、原材料状况、供辅介质等不尽相同，故在原因分析和解决措施中只给出定性的指导性说明，没有给出相关的量化数字，以免给读者带来错误的信息。

在撰写过程中，参考了有关文献，在此向文献作者表示感谢。张铁利和刘伯建对本书初稿进行了审阅并提出了许多修改建议，在此向他们表示感谢。同时，也对帮助和关心本书出版的同事们表示谢意，他们为本书提供了大量的图片，没有他们的支持，作者是无法顺利完成本书的撰写任务的。

由于作者水平所限，书中不足之处，敬请读者批评指正。

作 者

2012 年 3 月 20 日于廊坊

目 录

1 酸 洗

酸洗的目的主要是将热轧带钢表面的氧化铁皮洗掉，给冷轧机提供表面清洁的带卷，并将带钢有缺陷的头尾切掉。普碳钢酸洗按照不同的分类方式，可划分为不同的酸洗形式：按照酸洗是否连续划分，有连续酸洗、半连续酸洗和非连续酸洗；按照酸洗的介质划分，有盐酸酸洗和硫酸酸洗及硝酸酸洗；按照酸洗的布置形式划分，有卧式酸洗和塔式酸洗。无论是何种形式的酸洗，目的都是一样的，工艺过程基本相似，只是设备的多少和设备的布置形式上有所差别。

普碳钢酸洗先经过开卷机将带钢开卷，之后酸洗、水洗和干燥，然后卷取成钢卷。酸洗后的带钢其表面应呈灰白色或银白色，板面无缺陷，外形卷取整齐。但是因来料质量不佳、酸洗条件有时不理想、操作不当和某些机械设备的不良作用，往往会造成带钢质量缺陷，如过酸洗、欠酸洗、划伤、停车斑和锈蚀及卷取不良等。下面以盐酸酸洗为例，介绍普碳钢连续酸洗和非连续酸洗常见的缺陷及特征、缺陷产生原因和解决措施。

缺陷1 气 泡

● **定义与特征**

钢带表面无规律分布的圆形或椭圆形凸包，有时呈蚯蚓式的直线状，其外缘比较光滑，内有气体。当气泡被轧破后，钢带表面呈黑色细小裂缝，严重者裂缝会贯穿板材。某些气泡不凸起，经平整后，表面光亮，剪切后的断面有分层。气泡缺陷在各个冷轧工序都可能出现。

- **图谱**

图 1-1 气泡

- **原因分析**

（1）炼钢过程中因钢水脱氧不良、吹氩不当等导致板坯内部聚集过多的气体；

（2）板坯在炉内加热时间过长，皮下气泡暴露。

- **危害**

可能导致后续加工和使用过程中产生分层或焊接不良。

- **鉴别**

肉眼可以判定，不易与其他缺陷混淆。

- **解决措施**

（1）控制热轧原料质量；

（2）加强冷轧精整工序分选，切除存在气泡缺陷的部位。

缺陷2 过 酸 洗

- **定义与特征**

酸洗后的带钢表面呈现粗糙、麻面、发黑的现象。

- **图谱**

图 1-2　过酸洗

- **原因分析**

主要是酸洗时间长，铁的氧化物和酸反应完毕后腐蚀基体。

（1）酸液浓度高，铁的氧化物和酸反应速度升高，在反应充分完毕后，钢带还未离开酸槽进而腐蚀基体；

（2）酸液温度高，反应速度快；

（3）酸液喷射量大，酸液量过多；

（4）酸洗速度低；

（5）紊流度大。

- **危害**

严重影响带材质量，也给轧制生产带来困难，如延伸性降低，容易断带、粘辊，很难轧出成品。

- **鉴别**

肉眼可以判定，不易与其他缺陷混淆。

- **解决措施**

（1）降低酸液浓度；

（2）适当降低酸液温度；

（3）减少酸液喷射量；

（4）适当提高酸洗速度；

（5）适当加入缓蚀剂，缓蚀剂在基体上形成保护膜保护基体，使基体不受腐蚀。

缺陷3　欠 酸 洗

● **定义与特征**

带钢酸洗后，表面局部残留未酸洗掉的氧化铁皮，用手抹有黑灰。

● **图谱**

图1-3　欠酸洗

● **原因分析**

（1）带钢表面严重氧化，氧化铁皮厚薄不均，较厚的氧化铁皮需较长的酸洗时间；

（2）酸液的温度低，浓度低，运行速度快，铁盐含量过高等；

（3）矫直不彻底，波浪大，酸洗时局部未浸泡在酸液中；

（4）破鳞效果不好，氧化铁皮与带钢紧密结合。

● **危害**

在轧制时使产品表面出现暗色，严重的氧化铁皮压入会形成条状黑斑，有可能造成氧化铁皮粘在轧辊上。

- **鉴别**

    肉眼可以判定，不易与其他缺陷混淆。

- **解决措施**

    （1）严格控制热轧板表面质量；

    （2）合理匹配酸液温度、浓度和铁盐浓度等工艺参数，并保证适当的运行速度；

    （3）加强矫直作用，改善热轧板板型；

    （4）提高机械破鳞作用，破坏氧化铁皮与基板的结合，提高酸洗效果。

缺陷 4　锈　蚀

- **定义与特征**

    带钢酸洗后表面重新出现锈层的现象，轻微的发黄，严重的产生红锈。

- **图谱**

图 1-4　锈蚀

- **原因分析**

  （1）清洗槽水中的酸含量超标；

  （2）带钢清洗后没有完全干燥，表面上还残留有酸和水；

  （3）酸洗后在清洗槽中停留时间过长；

  （4）酸洗后轧制前钢卷存放时间过长；

  （5）酸洗后钢卷存放库环境恶劣；

  （6）酸洗后带钢没有进行防锈处理。

- **危害**

  影响带材质量，给轧制生产带来困难，如延伸性降低，容易断带、粘辊。

- **鉴别**

  肉眼可以判定，不易与其他缺陷混淆。

- **解决措施**

  （1）保证清洗水质量；

  （2）严格执行酸洗、清洗、烘干工艺操作规程；

  （3）酸洗后的带钢不要存放时间过长；

  （4）保证钢卷存放库环境适宜；

  （5）及时进行钝化或涂油处理。

缺陷5 刮 边

- **定义与特征**

  钢卷的局部边沿由于刮蹭呈翻边或荷叶状。

- **图谱**

- **原因分析**

  （1）钢带对中不良，侧导板等设备刮带钢；

  （2）钢带存在较大的镰刀弯或带钢呈蛇形运行。

图 1-5　刮边

● **危害**

带钢轧制过程中容易跑偏，刮伤严重造成缺口的容易断带。

● **鉴别**

肉眼可以判定，不易与其他缺陷混淆。

● **解决措施**

（1）上卷时保证钢卷在机组中心线，保证对中设备正常；

（2）对有较大镰刀弯的带钢，运行时将侧导板等开口度调大，慢速运行。

缺陷6　夹　杂

● **定义与特征**

钢板皮下或表面非金属夹杂、夹渣在冷轧加工过程中破裂而暴露在钢带表面，一般呈点状、块状、线状或长条状无规律地分布在薄板的表面。其颜色一般呈棕红色、黄褐色、灰白色或灰黑色。

- 图谱

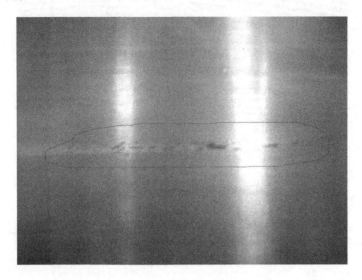

图 1-6　夹杂

- 原因分析

板坯皮下夹杂或皮下夹渣经酸洗后被暴露。

- 危害

可能导致后续加工过程中产生孔洞、开裂、分层，还可能损坏轧辊。

- 鉴别

肉眼可以判定，有时与异物压入混淆。

- 解决措施

加强热轧原料表面质量检查。

缺陷 7　重　皮

- 定义与特征

钢带断面出现连续或断续的线条状分离的现象，严重者出现分层，层间有灰白色或深黑色夹杂物。

- **图谱**

图1-7 重皮

- **原因分析**

　　（1）板坯内部聚集过多的非金属夹杂物；

　　（2）板坯内部存在严重的中心裂纹或中心疏松。

- **危害**

　　可能导致后续加工过程中产生孔洞、开裂，还可能损坏轧辊。

- **鉴别**

　　肉眼可以判定，不易与其他缺陷混淆。

- **解决措施**

　　加强热轧原料表面质量检查。

缺陷 8 氧化铁皮压入

- **定义与特征**

    带钢表面的氧化铁皮在酸洗工序中没有被完全洗净，这种缺陷的外观可能为麻点、线痕或大面积的压痕，可出现在带钢表面的任意部位，其压入深度有深有浅，轻微的氧化铁皮压入酸洗时不容易被发现。

- **图谱**

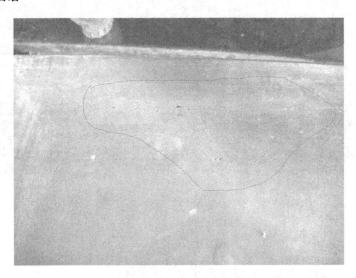

图 1 – 8 氧化铁皮压入

- **原因分析**

    （1）热轧原料表面存在严重压入氧化铁皮的缺陷；

    （2）酸洗拉矫时破鳞不够，无法酸洗彻底；

    （3）酸洗工艺不合理，酸液温度、浓度偏低或酸洗速度过快。

- **危害**

    严重时造成轧辊损伤，影响钢带表面质量和涂装效果，产生凹坑、沙眼等缺陷。

- **鉴别**

　　肉眼可以判定，有时会与划伤或酸洗麻坑等相混淆。

- **解决措施**

　　（1）加强热轧原料的检查；

　　（2）提高酸洗的破鳞效果；

　　（3）加强酸洗工艺控制，严格按规程要求设定酸液温度、浓度和酸洗速度。

缺陷9　划　伤

- **定义与特征**

　　钢带表面连续或间断分布的直而细、深浅不一的沟槽或麻坑状缺陷。

- **图谱**

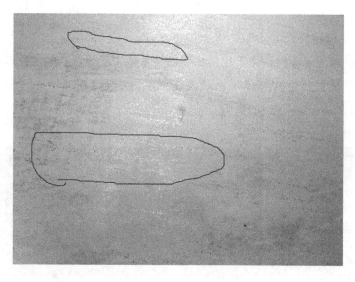

图1-9　划伤

- **原因分析**

划伤是由于设备（如各种辊或过渡导板等）与带钢接触处有质硬的异物，产生相对运动时造成的。

- **危害**

划伤深度超过允许公差之半时，轧制时也不能消除，甚至造成轧漏，影响带材表面质量；划伤处容易产生锈蚀，影响涂装效果；冲压成型过程中，划伤处容易开裂。

- **鉴别**

肉眼可以判定，有时易与麻坑混淆。

- **解决措施**

（1）定期检查与钢带接触的设备，清除其表面粘附的异物，确保其光滑无棱角；

（2）确保与钢带直接接触的辅助传动辊转动正常。

缺陷 10 停 车 斑

- **定义与特征**

在酸洗停车时，由于化学物质粘在带钢表面而形成的大片红棕色或局部呈黄黑色的斑迹（由酸洗或漂洗液引起），这种缺陷称为停车斑。

- **图谱**

图 1-10 停车斑

- **原因分析**

（1）由于设备故障等造成酸洗停车时间较长；

（2）酸洗运行速度过低。

- **危害**

影响钢带表面质量，可能导致轧制断带。

- **鉴别**

肉眼可以判定，不易与其他缺陷混淆。

- **解决措施**

（1）减少事故停机；

（2）当停车时间较长时，应将酸槽中的酸液排空；当停车时间较短时，采取带钢游动措施；

（3）适当调整酸洗速度。

缺陷 11　麻　坑

- **定义与特征**

带钢表面出现的一定深度的凹坑，有的有周期性，有的无周期性，多少不一，缺陷处颜色较亮。

- **图谱**

- **原因分析**

（1）生产过程中多种辅助辊（张力辊、压紧辊、夹送辊、矫直辊等）粘上铁屑、污垢后造成压痕；

（2）铁屑、异物掉到带钢上，经过辅助辊后压入带钢表面造成的压痕；

（3）氧化铁皮洗掉后的凹坑；

（4）有些不规则的划伤也会造成麻坑。

- **危害**

影响钢带表面质量，严重时导致钢带无法使用。

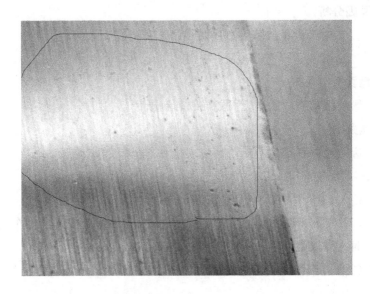

图 1 – 11　麻坑

- **鉴别**

　　肉眼可以判定，有时易与划伤混淆。

- **解决措施**

　　(1) 加强对辅助辊（张力辊、压紧辊、夹送辊、矫直辊等）表面的检查，发现异物及时清理；

　　(2) 保证酸洗环境，发现带钢表面有异物应及时清理；

　　(3) 严格控制原料表面氧化铁皮的深度；

　　(4) 检查设备，减少划伤现象。

缺陷12　折　叠

- **定义与特征**

　　带钢边部或中部有带钢叠加的现象，多数出现在边部。

- **图谱**

图 1 - 12 折叠

- **原因分析**

  （1）热轧原料本身有折叠现象；

  （2）酸洗设备故障造成带钢跑偏，刮边后经过设备碾压后折叠；

  （3）带钢板型差，发生跑偏刮边后经过设备碾压后折叠。

- **危害**

  轧制时会造成轧辊损坏或发生断带跑偏现象。

- **鉴别**

  肉眼可以判定，不易与其他缺陷混淆。

- **解决措施**

  （1）控制热轧原料，发现折叠现象要进行处理；

  （2）保证带钢酸洗设备正常运转，不发生跑偏现象；

  （3）控制原料板型，尤其不能有镰刀弯。

2 冷 轧

冷轧是指将酸洗后的热轧钢卷在再结晶温度以下轧制成用户所要求的厚度精度和板面质量。冷轧按照不同的分类方式有不同的轧机形式：按照轧辊的数量多少分，有四辊轧机、六辊轧机和多辊轧机（八辊轧机、十二辊轧机、二十辊轧机等等）；按照轧机的布置形式来分，有单机可逆轧机和连轧机。

普碳钢酸洗后带钢经过多道次或者多机架轧制后，带钢板面无缺陷，外形卷取整齐，但是因来料质量不佳、轧机条件有时不理想、操作不当和某些机械设备的不良作用，往往会造成带钢缺陷，如辊印、厚度不合、划伤、板型不良和边部缺陷等。下面介绍一下普碳钢轧制中常见的缺陷及特征、缺陷产生原因及解决措施。

缺陷 1 辊 印

- **定义与特征**

辊印缺陷是指轧辊的缺陷印在带钢上，形成外观形状不规则的点状、块状、条状等凸凹缺陷或钢带表面发亮的印痕。辊印在钢带表面沿轧制方向呈周期分布。

- **图谱**
- **原因分析**

（1）轧辊表面龟裂、局部掉肉、磨损或粘有异物，使局部辊面呈凹、凸状，轧制时，压入钢带表面形成凸凹缺陷；

（2）乳化液内杂质太多；

（3）轧辊硬度低。

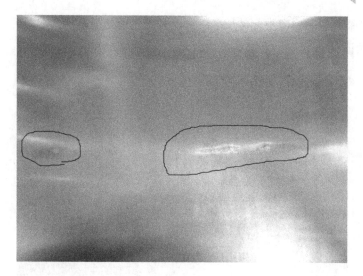

图 2-1　辊印

- **危害**

　　影响外观，影响涂镀效果，辊印严重时会影响带钢的使用。

- **鉴别**

　　肉眼可以判定，根据辊印周期确定责任工序。

- **解决措施**

　　（1）定期检查轧辊表面质量，发现轧辊掉肉或粘有异物等及时处理；轧制过程中出现卡钢、甩尾、轧烂等异常情况时，及时检查轧辊表面质量，防止辊面损伤或异物粘附；检查发现轧辊网纹时，立即停机检查轧辊表面质量并及时处理；

　　（2）保证乳化液洁净度，减少大颗粒杂质进入；

　　（3）保证轧辊表面硬度达到工艺要求。

缺陷 2　划　伤

- **定义与特征**

　　硬物划在钢带表面造成的一条或多条连续或断续的沿轧制方向呈

现的深浅不一的沟槽，其长度、深度及疏密程度分布无规律。

- **图谱**

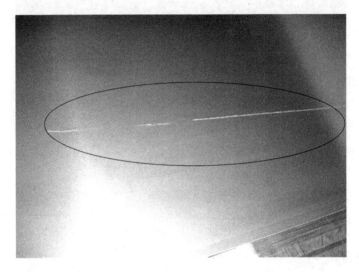

图 2 - 2　划伤

- **原因分析**

（1）机组与带钢相接触的设备有尖锐棱角或硬物，产生相对运动；

（2）各种转动辊（夹送辊、压紧辊等）与带钢速度不匹配产生划伤。

- **危害**

影响外观，影响使用，影响后续涂装。

- **鉴别**

用肉眼检查，必要时用量具测量深度、宽度。

- **解决措施**

（1）及时检查、清除生产线设备中的异物；固定的辅助设备与带钢应保持一定距离或者采取垫橡胶板等软质材料；

（2）定期检查辅助转动辊是否转动灵活及表面状况是否良好；

（3）发现带钢表面有划伤，应从后向前逐个对设备进行检查，查出事故原因后，根据情况采取措施进行处理。

缺陷3　异物压入

- **定义与特征**

指金属或非金属压入，缺陷呈块状或条状，一般呈白色，易集中发生在钢带某段长度上。

- **图谱**

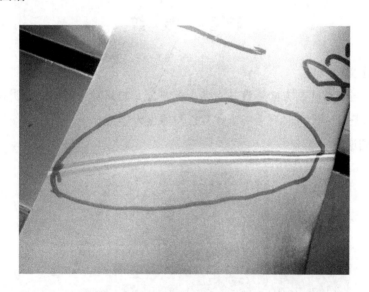

图2-3　异物压入

- **原因分析**

（1）乳化液不干净；

（2）带材表面粘有杂物；

（3）外来物（如衬纸、胶粒、边丝）轧制时压入带材表面。

- **危害**

影响钢带表面质量，严重的异物压入导致钢带后续加工过程中产生漏洞。

- **鉴别**

肉眼可以判定，不易与其他缺陷混淆。

- **解决措施**

（1）保证乳化液清洁，不含有杂物；

（2）发现带钢表面粘有杂物要立即清理；

（3）轧制时注意观察板面，防止异物压入表面，特别是在酸洗裁边时保证边丝裁剪干净。

缺陷4　振　纹

- **定义与特征**

与带钢轧制方向垂直的沿整个板宽分布的具有一定间距的明暗相间的条纹，严重时有手感，并且板材厚度发生变化。

- **图谱**

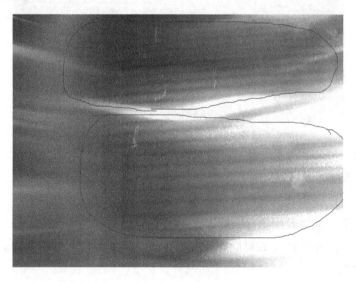

图2-4　振纹

- **原因分析**

（1）机械共振引起，由于轧机工作辊振动与轧机的其他设备振动频率相同产生共振，如轧机机架振动、连接杆振动等，在钢带表面留下有一定间距的全宽度的振痕；

（2）工作辊在磨削时已产生振动痕迹，从而转印到钢带表面；

（3）轧机支撑辊使用时间过长；

（4）轧辊不圆；

（5）来料厚度波动较大；

（6）上下工作辊辊径差过大，造成搓轧。

- **危害**

影响外观，影响涂镀效果，严重时将影响带钢使用。

- **鉴别**

用肉眼检查，不易与其他缺陷混淆。

- **解决措施**

（1）检查轧机的各个设备的松动情况；调整轧制参数，如改变轧制速度、轧制力、张力等，避开与其他设备产生共振；

（2）保证工作辊的磨削质量；

（3）定期更换支撑辊；

（4）检查轧辊的圆度；

（5）控制来料的厚度偏差；

（6）工作辊配辊时保证辊径差在工艺要求范围内。

缺陷5　油　斑

- **定义与特征**

钢带表面残存轧制油或润滑油的痕迹，其形状有彗星状、斑点状、扫把状，颜色为黑褐色、茶色、淡黄色或蓝色。

- **图谱**

图 2-5　油斑

- **原因分析**

　　（1）轧制时，乳化液吹扫不净；

　　（2）乳化液中含有杂油较多，粘附在带钢表面；

　　（3）带材表面温度较高，轧制油氧化；

　　（4）牌坊等设备上的油污卷入带钢。

- **危害**

　　影响外观，影响涂装效果，影响耐蚀性。

- **鉴别**

　　用肉眼检查。

- **解决措施**

　　（1）保证吹扫设备良好，风压、风量满足工艺要求；

　　（2）控制乳化液中杂油的含量；

　　（3）带材轧制温度较高时，加大乳化液的流量或停机冷却轧辊再轧制；

（4）保持设备清洁，严防设备出现漏油现象。

缺陷6 擦 伤

- **定义与特征**

擦伤主要表现为沿轧制方向带钢表面损伤，通常呈点状、簇状出现，有手感，表面粗糙，头尾较多，擦伤严重的轧制后不能消除。

- **图谱**

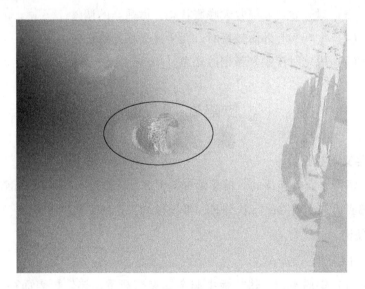

图2-6 擦伤

- **原因分析**

（1）开卷机张力太大，开卷张力大于前工序（酸洗或松卷）卷取张力；

（2）开卷机设备基础振动发生擦伤；

（3）开卷机卷筒动作不良；

（4）钢卷外圈卷取较松，给张力太快；

（5）甩尾时张力失调，发生带钢层间错动。

- **危害**

擦伤处容易产生锈蚀，影响涂装效果；冲压成型过程中，擦伤处容易开裂。

- **鉴别**

用肉眼检查，可以用手触摸擦伤的严重程度。

- **解决措施**

(1) 确认开卷机的张力小于前道工序（酸洗或松卷）卷取张力；

(2) 调整基础的水平度，调整地脚螺栓，防止左右振动；

(3) 对开卷机卷筒收缩膨胀状态，做适当的调整；

(4) 发现钢卷外圈较松时，要慢速平稳地给定张力；

(5) 甩尾时控制好带钢的张力。

缺陷7 孔 洞

- **定义与特征**

钢带表面非连续的、贯穿钢带上下表面的缺陷。一般位于钢带的中部或边部，大多呈串状分布，带钢越薄，这种现象越明显。

- **图谱**

- **原因分析**

(1) 钢质不纯，热轧板中非金属夹杂严重；热轧板表面存在结疤、气泡、严重辊印或内部组织疏松，经冷轧延伸后被暴露，形成穿孔；

(2) 严重异物压入；

(3) 轧辊严重爆辊；

(4) 带钢严重划伤、擦伤。

- **危害**

无法使用。

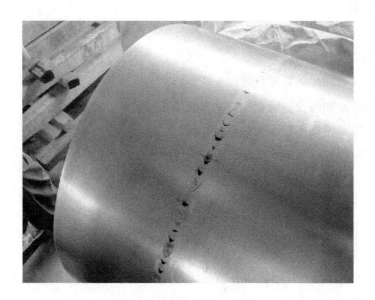

图 2-7 划伤或严重爆辊孔洞

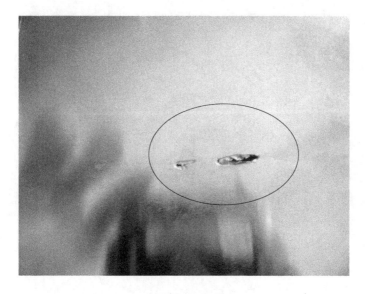

图 2-8 气泡轧漏孔洞

● **鉴别**

　　用肉眼检查，根据孔洞形态判断产生原因。

● **解决措施**

　　（1）加强热轧原料的检查控制；

　　（2）加强设备管理，清除与钢带接触设备上的异物；

　　（3）发现严重爆辊等及时换辊；

　　（4）发现带钢的划伤、擦伤较重的改制。

缺陷8　热　划　伤

● **定义与特征**

　　带钢表面沿轧制方向分布的无规律的局部条状痕迹，类似划伤，但是没手感，热划伤处板面发亮，粗糙度小。

● **图谱**

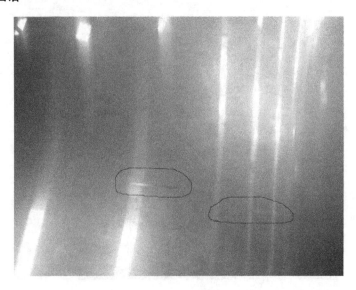

图2－9　热划伤

- **原因分析**

（1）由于换新辊后主操没有按操作规程热辊；

（2）中间辊损伤；

（3）由于喷嘴堵死或者乳化液温度、压力或流量不合理造成润滑不良；

（4）机架（或道次）压下负荷分配不合理，造成个别机架（或道次）压下过大。

- **危害**

影响外观，影响涂镀效果。

- **鉴别**

用肉眼检查。

- **解决措施**

（1）当已经发现有较严重的热划伤时，立即更换工作辊，换辊后按操作规程来热辊；

（2）把工作辊和中间辊一起抽出来检查轧辊表面情况，然后确定是否将中间辊一起更换掉；

（3）检查喷嘴情况，正确选择轧制液的温度、浓度和压力等，确保良好的冷却性和润滑性能；

（4）合理分配各机架（或道次）的压下负荷，尽量均匀；选择适当的轧制速度，在润滑和冷却不好的情况下，轧制速度不应过高。

缺陷 9　厚度不合

- **定义与特征**

轧制后钢带实际厚度与公称厚度有差距，有的偏厚，有的偏薄，甚至有的厚薄不均。

- **图谱**

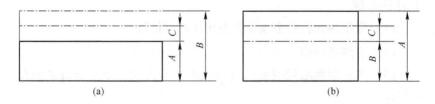

图 2 - 10 厚度不合

（a）超薄；（b）超厚

A—实际厚度；*B*—公称厚度；*C*—偏差

- **原因分析**

（1）轧制厚度设定不合理；

（2）原料厚度波动超出轧机厚度可控范围，从而造成轧机无法进行厚度自动控制；

（3）测厚仪测量值不准确，AGC 功能不正常或未投入；

（4）轧机入口钢带有严重缺陷，不能采用正常方式轧制而采取特殊手段，如抬辊缝过轧机、改变轧机出口厚度设定值等；

（5）支撑辊不圆或者支撑辊轴承间隙大致使轧辊跳动；

（6）轧件本身硬度不均；

（7）轧制过程中速度和张力波动。

- **危害**

可能损坏客户冲压模具或开裂。

- **鉴别**

用量具测量。

- **解决措施**

（1）按要求设定轧制厚度，并注意后工序生产过程中的减薄量（平整或拉矫）和增厚量（镀锌或镀锡等）；

（2）保证原料厚度公差；

（3）按规定标定测厚仪和清洁测厚仪窗口，保证测厚仪和 AGC

功能正常；

（4）保证轧机入口钢带表面质量和焊缝质量；

（5）保证支撑辊的圆度和支撑辊轴承安装间隙；

（6）控制原料的板面硬度均匀；

（7）轧制过程中减少张力和速度波动并提高张力、速度补偿精度。

缺陷 10　浪　形

● **定义与特征**

　　沿轧制方向钢带呈高低起伏弯曲，形似波浪的缺陷称为浪形。浪形有的出现在钢带的头部及尾部，严重时分布在钢带全长，像海带状。按宽度位置分类，浪形出现在钢带中部的称为中间浪，出现在钢带边部的称为边浪（出现在一侧的称为单边浪，出现在两侧的称为双边浪），出现在边、中之间的称为肋浪。

● **图谱**

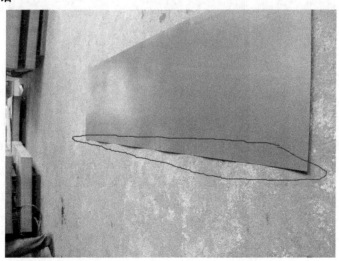

图 2-11　单边浪

图 2 - 12 双边浪

图 2 - 13 肋浪

● **原因分析**

（1）热轧钢带本身有浪形；

　　（2）轧辊凸度大，弯辊调整不当，中间变形大，产生中间浪；

　　（3）轧辊凸度小，弯辊调整不当，两边变形大，产生双边浪；

　　（4）中间辊、工作辊水平未调整好，产生单边浪；

　　（5）轧制计划安排不合理，轧辊过度磨损；

　　（6）工艺润滑不顺畅，致使轧辊冷却不均；

　　（7）热轧来料本身硬度、厚度不均。

- **危害**

　　影响使用。

- **鉴别**

　　用肉眼检查，量具测量，将钢带自由放在平台上测量浪形高度、长度。

- **解决措施**

　　（1）控制热轧钢带板型；

　　（2）减小轧辊凸度，减少正弯辊，控制中间浪；

　　（3）增大轧辊凸度，增大正弯辊，控制双边浪；

　　（4）调整好轧辊水平度；

　　（5）合理安排轧制计划和换辊，防止轧辊过度磨损；

　　（6）保证工艺润滑各喷嘴通畅；

　　（7）保证热轧原料板面硬度、厚度均匀。

缺陷 11　镰　刀　弯

- **定义与特征**

　　带钢一侧延伸大，一侧延伸小，沿钢带长度方向的水平面上向一侧弯曲。

- **图谱**

- **原因分析**

　　（1）轧机调整不良，两边压下不一致；

图 2 – 14　镰刀弯

（2）轧辊磨损不均，辊缝呈楔形；

（3）带钢跑偏或带钢的中心线不在轧制中心线，造成带钢两边变形不均；

（4）工艺润滑不顺畅；

（5）原料有楔形。

● **危害**

影响产品成型及涂镀效果。

● **鉴别**

用肉眼检查，用适当工具测量钢带的镰刀弯值。

● **解决措施**

（1）确保带钢两边变形均匀；

（2）发现轧辊磨损不均及时更换轧辊；

（3）维护好对中装置，防止带钢跑偏；

（4）保证工艺润滑各喷嘴通畅；

（5）控制原料板型。

缺陷 12　环形隆起

- **定义与特征**

　　在轧制卷取时，在钢卷上出现的数厘米宽的隆起增厚称为环形隆起。一般来说，钢卷直径越大，这种增厚就越厉害，有边部隆起和中部隆起。

- **图谱**

图 2 - 15　环形隆起

- **原因分析**

　　（1）由于轧机局部喷嘴堵塞而形成隆起；

　　（2）由于热轧原料有环形隆起造成，这种缺陷冷轧时不容易消除。

- **危害**

　　隆起处板型差，影响产品成型及涂镀效果。

- **鉴别**

  用肉眼观察，用量具测量隆起的高度。

- **解决措施**

  （1）保证工艺润滑各喷嘴通畅；

  （2）保证热轧原料没有环形隆起；

  （3）发现环形隆起后可以先降低卷曲张力，如果不能减轻，就分卷，减小卷径；

  （4）对于知道热轧原料有环形隆起缺陷的尽量安排轧制较厚的成品。

缺陷 13　瓢　曲

- **定义与特征**

  钢板的横向和纵向板型都不好。

- **图谱**

图 2-16　瓢曲

- **原因分析**

（1）带钢轧制过程变形不均；

（2）轧制计划编排不合理，在一个轧辊周期内集中轧制窄规格带钢后又集中轧制宽规格带钢；

（3）工艺润滑不顺畅；

（4）辊型凸度过大或者压下量过小；

（5）原料厚度或硬度不一致。

- **危害**

影响产品成型及涂镀效果。

- **鉴别**

用肉眼检查，用适当工具测量钢带不平度。

- **解决措施**

（1）严格遵守压下规程，保持带钢变形均匀；

（2）合理编排轧制计划；

（3）保证工艺润滑各喷嘴通畅；

（4）合理配备辊型凸度；

（5）加强原料控制，保证厚度、硬度均匀。

缺陷 14　边　裂

- **定义与特征**

钢带边缘沿长度方向的一侧或两侧出现破裂的现象称为边裂，边裂严重者可能造成断带。

- **图谱**

- **原因分析**

（1）热轧钢带存在边裂；

（2）酸洗机组圆盘剪剪切不良；

（3）钢带边缘在大张力轧制条件下被拉裂；

图2-17 边裂

(4) 轧制过程中钢带跑偏;

(5) 辊型选择不合理;

(6) 总压下率过大。

- **危害**

(1) 对产品的外观有直接的影响;

(2) 运行中如果张力不当,容易断带;

(3) 毛边交货影响用户使用,净边影响裁剪边部质量。

- **鉴别**

用肉眼检查,用直尺测量边裂深度。

- **解决措施**

(1) 加强原料检查,尤其是边裂缺陷;

(2) 定期更换剪刀,按工艺要求调整剪刀间隙和重合量,保证剪切质量;

(3) 合理分配各机架的压下率及张力;

（4）防止钢带跑偏；

（5）选择合理的辊型；

（6）控制总压下率在合理的范围内。

缺陷 15　极限压下纹

- **定义与特征**

  钢带表面出现锯齿形折光率不同的纹路。

- **图谱**

图 2-18　极限压下纹

- **原因分析**

  冷轧带钢轧至极限压下率时，变形区内润滑条件不稳定。

- **危害**

  影响外观，影响涂镀效果。

- **鉴别**

  用肉眼检查。

- **解决措施**

  （1）减小总压下率；

  （2）保证变形区内润滑良好。

缺陷16 楔 形

- **定义与特征**

  钢板横断面厚度从一边到另一边逐渐增厚或减薄的现象。

- **图谱**

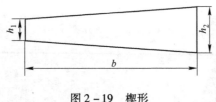

图2-19 楔形

h_1，h_2—带钢两侧厚度；b—带钢宽度

- **原因分析**

  （1）轧辊磨损严重；

  （2）辊缝调整不当；

  （3）热轧原料存在楔形；

  （4）带钢跑偏。

- **危害**

  影响成型效果。

- **鉴别**

  用量具测量。

- **解决措施**

  （1）及时更换磨损严重的轧辊；

  （2）保持轧辊辊缝水平；

  （3）控制热轧原料；

（4）合理设定侧导板的开口度，保持带钢对中良好。

缺陷17 锯 齿 边

- **定义与特征**

    钢卷边部周期或非周期性地呈锯齿状，严重时呈裂口状。

- **图谱**

图 2-20 锯齿边

- **原因分析**

    （1）轧前圆盘剪剪切不良；

    （2）轧制压下率太大。

- **危害**

    （1）对产品的外观有直接的影响；

    （2）后面工序运行中如果张力不当，容易断带；

    （3）后面工序涂镀时影响边部外观质量。

- **鉴别**

    用肉眼检查，用量具测量锯齿深度。

● **解决措施**

(1) 保证轧前圆盘剪剪切边部质量良好;

(2) 合理控制轧制的总压下率。

缺陷 18 麻坑 (麻点)

● **定义与特征**

钢带表面连续或断续分布的规则或不规则的凸凹点或坑。

● **图谱**

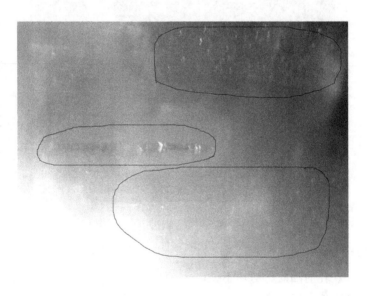

图 2-21 麻坑

● **原因分析**

(1) 原料存在压入氧化铁皮缺陷,在酸洗或轧制后脱落形成麻点或麻坑;

(2) 由于设备与带钢接触产生的划伤;

(3) 轧制过程中铁屑压入钢带表面。

● **危害**

　　影响涂装效果，可能产生沙眼等缺陷。

● **鉴别**

　　用肉眼检查。

● **解决措施**

　　（1）加强热轧钢带质量验收，存在压入氧化铁皮缺陷的原料不投料生产；

　　（2）定期检查、更换与钢带接触的各类辊子；

　　（3）定期清洗轧机和保证乳化液质量，保证轧制乳化液洁净。

缺陷 19　边部损伤

● **定义与特征**

　　钢带边部不规则，有损坏的现象。

● **图谱**

图 2 - 22　边部损伤

- **原因分析**

    （1）带钢吊装、运输过程中磕碰造成的；

    （2）带钢板型不好致使带钢跑偏与设备刮蹭造成的；

    （3）轧机导位（导辊）开口度设定不合理；

    （4）酸洗来料有边部损伤。

- **危害**

    影响下道工序的正常运转，影响使用。

- **鉴别**

    用肉眼检查。

- **解决措施**

    （1）带钢在吊装、运输过程中避免磕碰；

    （2）控制原料板型和轧制板型；

    （3）合理设定导位开口度，避免带钢与设备发生刮蹭或带钢跑偏；

    （4）发现酸洗来料有边部损伤现象要及时处理，分卷轧制或将边部损坏部分切除等。

3 退 火

冷轧产品的退火是指将金属缓慢加热到一定温度，保持足够时间，然后以适宜速度冷却（通常是缓慢冷却，有时是控制冷却）的一种工艺。退火的目的有三点：一是降低钢的硬度，消除冷轧加工硬化，改善钢的性能，恢复钢的塑性变形能力；二是消除钢中的残余内应力，稳定组织，防止变形；三是均匀钢的组织和化学成分。退火按照不同的分类方式有不同的退火形式，按照退火炉形式分，有连续退火、罩式退火和台车式退火；按照退火炉内气氛分，有全氢气体退火和氢氮混合气体退火；按照退火炉的加热形式分，有电加热退火、煤气加热退火和煤加热退火。

经过退火后的钢卷，其表面清洁，板面无缺陷，外形整齐，但是因来料质量不佳、退火条件有时不理想、操作不当和某些机械设备的不良作用，往往会造成带钢表面缺陷，如退火氧化、粘结、性能不合和黑带等。下面介绍一下普碳钢罩式退火常见的缺陷及特征、缺陷产生原因及解决措施。

缺陷1 粘 结

● 定义与特征

罩式退火钢卷层间互相粘结在一起，有点粘、条粘和面粘等形式。粘结较严重时，手摸有凸起感觉，多分布于带钢的边部或中间；严重的面粘结，开卷时被撕裂或出现孔洞，甚至无法开卷。平整后，轻微的产生褶皱，严重的产生横向亮条印迹或马蹄状印迹。

● 图谱

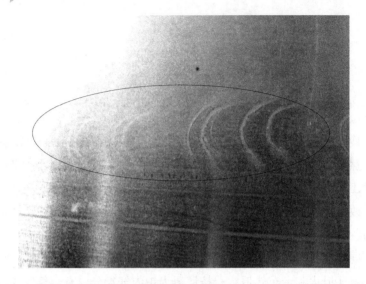

图 3-1　粘结

● **原因分析**

（1）松卷张力是引起钢卷粘结的主要原因之一，张力过大时，会使保护气体的气流循环不好而产生热阻滞，使钢板发生粘结；

（2）板型不好会使带钢在纵向上出现两边厚、中间薄或两边薄、中间厚或边浪、中间浪、多条浪及周期性的局部浪形等，经高温退火后，都可能产生粘结；

（3）卷取时出现参差不齐的溢出边，带钢卷取不齐，特别是较薄的带钢，容易产生粘结；

（4）乳化液中有杂物，经退火蒸发后残留于钢板与钢板之间，如吹扫不净，也会产生粘结；

（5）不管是什么原因引起的，如果炉内超温严重，就必然引起粘结；

（6）由于装炉堆垛不符合要求，致使保护气体在炉内循环不好，使炉温不均匀，个别部位热阻滞严重，温差大而产生粘结；

（7）带钢表面粗糙度太小；

（8）钢质太软，钢中碳、硅含量少，粘结倾向高；

（9）冷却速度太快；

（10）裁剪的带钢边部质量不佳，易产生边部粘结；

（11）吊运过程中产生磕碰的部位容易发生粘结。

● **危害**

轻微的粘结会影响外观质量，严重的粘结将导致钢带无法使用。

● **鉴别**

用肉眼检查。

● **解决措施**

（1）正确选择松卷的卷取张力；

（2）控制好板型和卷形；

（3）按堆垛原则堆垛，将塔形卷、溢出边卷放置于钢垛上部；

（4）保证轧制乳化液指标良好；

（5）保证退火设备完整、检测仪表准确、热电偶插放到位等，控制好退火温度；

（6）遵守操作规程，保证炉内气氛循环良好；

（7）控制工作辊粗糙度；

（8）控制热轧来料的化学成分；

（9）严格按照退火工艺执行；

（10）保证裁剪的边部质量良好；

（11）避免吊运过程中的磕碰现象。

缺陷2　氧　化　色

● **定义与特征**

钢带表面被氧化，其颜色有深蓝色、浅蓝色或者淡黄色，有的由边部深蓝色逐步过渡到浅蓝色、淡黄色，无明显轮廓线。

- **图谱**

图 3 - 2 氧化色（1）

图 3 - 3 氧化色（2）

图 3 - 4　氧化色（3）

● **原因分析**

（1）带钢表面乳化液未吹扫干净；

（2）退火时保护罩密封不严或漏气；

（3）保护罩吊罩过早，高温出炉钢卷边缘表面氧化；

（4）保护气体成分不纯；

（5）加热前预吹洗时间不足，炉内存在残氧，钢卷在氧化性气氛中退火；

（6）保护气体露点高。

● **危害**

影响钢带表面质量和涂装效果。

● **鉴别**

用肉眼检查。

● **解决措施**

（1）带钢表面的乳化液应吹干净，减少进入炉内的水分和残渣；

（2）装炉扣罩后，必须进行密封性检查，发现密封不好，应及时处理；

（3）严禁高温出炉；

（4）确保保护气体成分符合工艺要求；

（5）保证预吹洗时间，尽量吹净退火空间的空气，避免钢卷氧化；

（6）控制炉内露点在要求范围内；

（7）发现严重氧化时，必须重新退火。

缺陷 3　性能不合

● **定义与特征**

退火后没有达到组织要求，从而导致屈服强度、抗拉强度、硬度及伸长率等性能不符合要求。

● **图谱**

图 3-5　性能不合（冲裂）

- **原因分析**

（1）工艺制度不合理；

（2）钢卷在退火炉中，如果内径不对齐，相互错压，引起保护气体循环不畅，形成炉内温差大，加上循环风机的风量小，也会造成部分性能不合；

（3）没有达到额定退火温度，这主要是计控设备的故障影响的；

（4）加热时间未达到或保温时间太短；

（5）原料化学成分超标。

- **危害**

无法使用。

- **鉴别**

用试验设备检测数据。

- **解决措施**

（1）针对来料状况及产品用途制定正确的退火工艺制度；

（2）严格执行装炉制度；

（3）加强操作控制，严格按照退火工艺制度执行；

（4）对热电偶等检测设备定期效验；

（5）控制原料化学成分含量。

缺陷4　脱　碳

- **定义与特征**

带钢表层或者更深层含碳量减少或者完全不含碳的现象称为脱碳。

- **图谱**

- **原因分析**

（1）加热温度过高；

（2）高温状态下，加热时间过长；

深度0.4mm

100μm

图 3 - 6　表面脱碳

(3) 钢带中含碳量高;

(4) 退火炉内 H_2O、CO_2、O_2、H_2 含量高。

● **危害**

　　脱碳钢带硬度下降,抗疲劳强度降低,增加淬火难度,并且容易出现裂纹,严重者造成断裂。

● **鉴别**

　　用金相组织分析。

● **解决措施**

(1) 合理控制加热温度和加热时间;

(2) 控制退火炉内气氛;

(3) 在退火炉内适当增设木炭。

缺陷5　压　边

● **定义与特征**

　　罩式退火钢卷边部被对流盘压窝边的现象。

● **图谱**

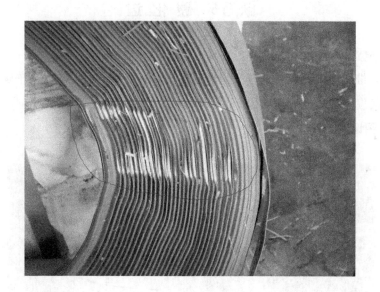

图 3 - 7　压边

● **原因分析**

　　（1）钢带本身板型不好，有镰刀弯或钢卷卷取不良，致使钢卷有溢出或塔形；

　　（2）装炉时组批不合理。

● **危害**

　　退火发生粘连，影响平整后带钢表面质量。

● **鉴别**

　　用肉眼检查。

● **解决措施**

　　（1）确保带钢板型良好；

　　（2）松卷时避免产生溢出或塔形；

　　（3）一炉里只装一卷有溢出边或塔形料卷，而且要放在上层。

缺陷6　碳　化　边

● **定义与特征**

　　带钢边部颜色连续或间断地发黑，擦拭不掉。此缺陷是由于碳与基板发生化学反应而造成的。

● **图谱**

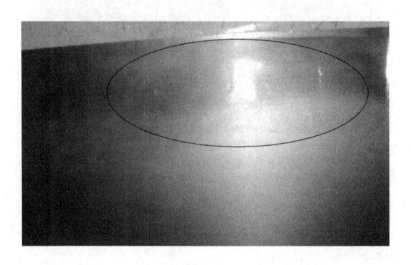

图 3-8　碳化边（1）

● **原因分析**

　　（1）轧制油技术指标不符合标准要求；

　　（2）乳化液工艺参数失控，如温度、浓度等；

　　（3）乳化液中铁粉、杂油太多，加热过程中使碳与氢分解成自由碳析出；

　　（4）炉内露点过高。

● **危害**

　　影响外观，影响涂镀效果。

图3-9 碳化边（2）

- **鉴别**

用肉眼检查。

- **解决措施**

（1）严格控制轧制油的各项技术指标；

（2）乳化液工艺参数按照工艺规范执行；

（3）增加乳化液系统中的磁过滤系统和撇油系统的开启频率，降低铁粉和杂油含量；

（4）炉内露点控制在要求范围内。

缺陷7 黑 带

- **定义与特征**

钢板表面有黑色薄膜，呈条状或片状纵向分布，条状宽窄不一，颜色深浅不一。

● 图谱

图 3 - 10　黑带

● 原因分析

（1）轧制油成分不合理；

（2）轧制后带钢表面残留乳化液，同时松卷卷取张力过大，退火炉内包含气体不易进入钢卷中心部分，在退火过程中油、杂质等挥发不出去；

（3）炉内保护气体不充分；

（4）退火制度不合理。

● 危害

影响外观，影响涂镀效果。

● 鉴别

用肉眼检查。

● 解决措施

（1）选择适合的轧制油；

（2）加强轧机吹扫效果，减小松卷卷取张力；

（3）退火炉内保证还原性气氛；

（4）优化退火工艺制度。

缺陷8 表面炭黑

● **定义与特征**

退火后带钢外圈或端面浮有黑色粉状物，有时可以擦掉。

● **图谱**

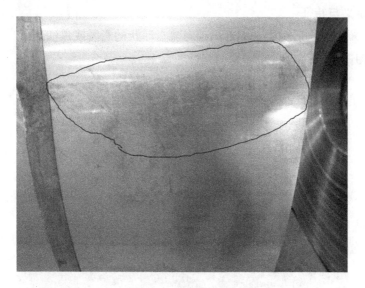

图3-11 表面炭黑

● **原因分析**

（1）带钢表面的铁粉及表面残留乳化液过多；

（2）罩式炉炉台密封、热吹、冷却系统故障；

（3）还原性气氛的吹扫制度不合理。

● **危害**

影响外观，影响涂镀效果。

- **鉴别**

  用肉眼检查。

- **解决措施**

  （1）加强乳化液磁过滤和撇油装置的运行时间；

  （2）确保罩式炉炉台密封、热吹、冷却系统完好；

  （3）严格执行退火的各项工艺制度。

缺陷9 对流盘印

- **定义与特征**

  罩式退火后钢卷在端部出现对流盘印状的炭黑或焦油残留。

- **图谱**

图3-12 对流盘印

- **原因分析**

  （1）乳化液指标不达标；

  （2）炉内气氛循环不好；

（3）炉台太脏。

- **危害**

影响外观，影响涂镀效果。

- **鉴别**

用肉眼检查。

- **解决措施**

（1）严格控制乳化液各项指标；

（2）保证炉内循环良好；

（3）定期清理炉台。

缺陷 10　退火氧化铁皮

- **定义与特征**

在钢卷外圈或整卷有氧化铁皮，呈条状或片状分布，严重时铁皮翘起。

- **图谱**

图 3 - 13　退火氧化铁皮

- **原因分析**

  （1）炉台密封不好；

  （2）退火气氛含氧高；

  （3）炉内漏水。

- **危害**

  影响外观，影响涂镀效果。

- **鉴别**

  用肉眼检查。

- **解决措施**

  （1）确保炉台密封完好；

  （2）保证退火炉内还原性气氛；

  （3）确保炉况完好。

4 平　整

冷轧产品的平整是指将退火后的带钢进行小压下量的轧制。平整的目的有三点：一是使带钢具有良好的板型和适宜的表面粗糙度；二是改变平整压下率，可以使带钢的力学性能在一定幅度内变化，以适应不同用途的要求；三是对于深冲用板带钢，经小压下率平整后还能消除或缩小屈服平台。平整按照是否用平整液来说，分湿平整和干平整。

经过平整后的钢卷表面清洁，板面无缺陷，外形整齐，但是因平整条件有时不理想、操作不当和某些机械设备的不良作用，往往会造成带钢表面缺陷，如辊印、平整花、板型不良、褶皱和斑迹等。下面介绍一下普碳钢湿平整常见的缺陷及特征、缺陷产生原因及解决措施。

缺陷1　辊　印

- **定义与特征**

辊印表现为凸起或凹入或者钢板表面局部粗糙度不同。其在带钢表面沿长度方向周期性出现，与工作辊圆周相吻合。

- **图谱**
- **原因分析**

（1）凸起辊印是由于在平整过程中工作辊有凹痕造成的；

（2）凹入辊印是由于在平整过程中工作辊粘有外来物造成的；

（3）局部粗糙度不同是由于工作辊表面局部擦伤、勒辊等造成工作辊表面粗糙度不一致。

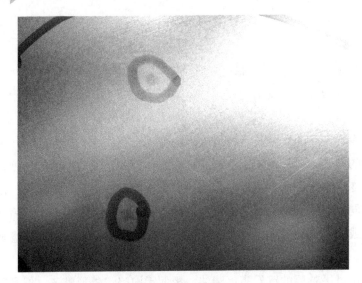

图 4 - 1 辊印（1）

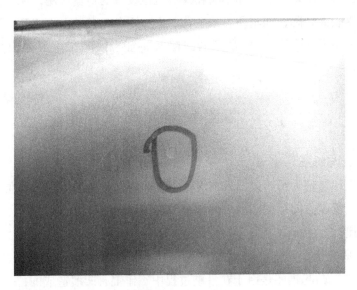

图 4 - 2 辊印（2）

● **危害**

影响外观，影响涂镀效果。

- **鉴别**

  用肉眼检查，量取辊印的长度确定产生工序。

- **解决措施**

  勤检查板面，发现辊印及时换辊。

缺陷2　卷 轴 印

- **定义与特征**

  卷轴印的方向与带钢运行方向呈90°，贯穿整个板宽，该缺陷不但肉眼可见，甚至有手感，一般头尾较多。

- **图谱**

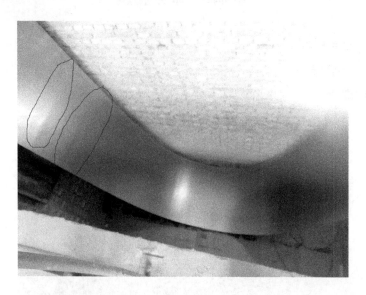

图4-3　卷轴印

- **原因分析**

  （1）卷筒不圆造成的卷筒硌痕；

  （2）内卷带钢不平整卷取后硌痕；

（3）张力过大。

- **危害**

  影响外观，影响使用。

- **鉴别**

  用肉眼检查。

- **解决措施**

  （1）保证卷筒圆度；

  （2）卷取时保证内圈带钢平整；

  （3）张力给定要合理。

缺陷 3 非平整边

- **定义与特征**

  带钢平整时边部未平整到所产生的缺陷。

- **图谱**

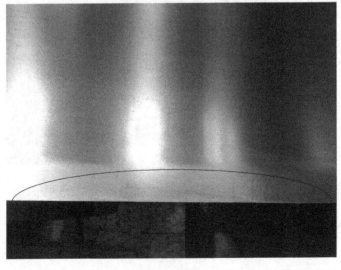

图 4 - 4 非平整边

- **原因分析**

　　（1）钢板凸度过大；

　　（2）平整机工作辊辊型配置不合理；

　　（3）平整力、张力过小。

- **危害**

　　影响成型效果。

- **鉴别**

　　用肉眼检查。

- **解决措施**

　　（1）控制轧制钢板凸度；

　　（2）合理配备平整机工作辊辊型；

　　（3）加大平整力和张力。

缺陷 4　平 整 花

- **定义与特征**

　　钢板表面出现的连串羽毛状或树枝状印迹。其多出现在薄带钢的两肋部位，与轧制方向斜交，严重的出现亮色勒印。

- **图谱**

- **原因分析**

　　（1）平整中不均匀延伸产生的金属流动印迹；

　　（2）平整辊辊型凸度小；

　　（3）平整辊长度方向温度不均匀。

- **危害**

　　影响外观，影响成型。

- **鉴别**

　　用肉眼检查。

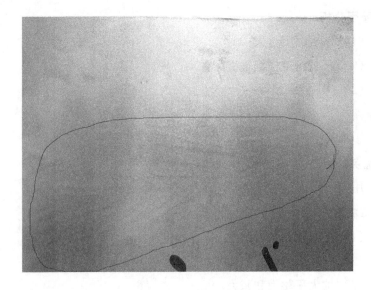

图 4 - 5　平整花

- **解决措施**

（1）保证平整带钢表面粗糙度均匀；

（2）选择合适的平整辊辊型；

（3）保证平整辊长度方向润滑冷却均匀。

缺陷 5　擦　伤

- **定义与特征**

擦伤主要表现为沿轧制方向带钢表面损伤，通常呈点状、簇状、"蝌蚪状"或"猫抓状"出现，大多成排出现，有手感，表面粗糙，多发生于带钢的头部卷取、尾部甩尾或中间停车时。冷轧时的擦伤，经罩式退火后由于伤痕中的油脂碳化而发暗发黑；而平整时的擦伤则较为光亮，因经过轧制，所以没有毛刺。

- **图谱**

图 4 - 6　擦伤

- **原因分析**

    （1）平整时开卷张力大于前工序的卷取张力；

    （2）钢卷卷取不紧，层间松动，造成钢卷层间的错动，摩擦而形成擦伤；

    （3）开卷设备振动造成层间松动。

- **危害**

    影响外观，影响涂镀效果。

- **鉴别**

    用肉眼检查，用手触摸。

- **解决措施**

    （1）合理匹配平整机开卷张力与松卷的卷取张力；

    （2）钢卷有层间松动时，给定张力要平稳低速运行，尽量减小层间摩擦；

    （3）保证开卷设备牢固稳定。

缺陷6 橘 皮

- **定义与特征**

带钢表面呈现粗糙的疙瘩状印迹或带钢边缘呈锯齿形的粗糙断面。

- **图谱**

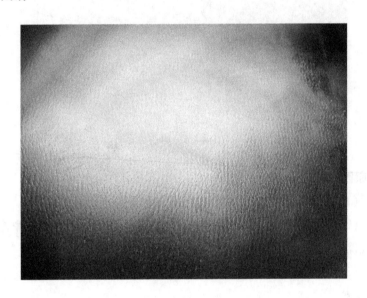

图4-7 橘皮

- **原因分析**

（1）轧辊老化，未及时换辊；

（2）轧辊粗糙度过大。

- **危害**

影响外观，影响涂镀效果。

- **鉴别**

用肉眼检查。

- **解决措施**

（1）发现轧辊老化及时换辊；

（2）选择适当的轧辊粗糙度。

缺陷 7　褶　皱

- **定义与特征**

纹理方向基本上与带钢运行方向呈 90°，有时贯穿整个板宽，有时出现在一定范围内（边部居多），长短不一，形状有时规则有时不规则。不但肉眼可见，严重的甚至有手感。

- **图谱**

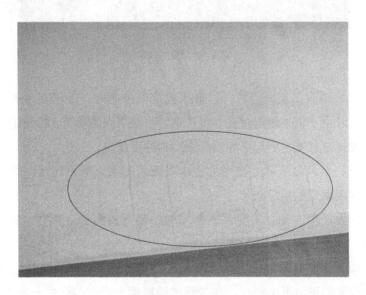

图 4 - 8　边部褶皱

- **原因分析**

（1）带钢在冷轧时板型不佳，边浪或中间浪较大，经罩式炉退火后容易引起带钢层间粘结，在平整时带钢表面会产生褶皱缺陷；

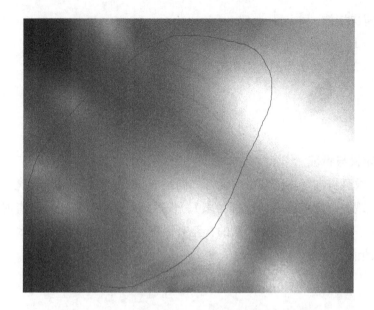

图 4 - 9   中部褶皱

　　(2) 退火工艺不合理, 如退火温度未控制好, 带钢在罩式炉进行退火时由于退火温度过高, 会产生层与层之间的粘结; 带钢退火时升降温速度过快, 引起钢卷的热胀冷缩速度过快;

　　(3) 对流盘平面磨损也会造成表面层与层之间的粘结, 平整时在带钢表面产生褶皱缺陷;

　　(4) 平整时钢卷温度大于 45℃ 时, 带钢表面将会产生大量褶皱缺陷, 这种褶皱一般呈长条状;

　　(5) 平整时开卷机、张力辊和工作辊位置不平行, 当机组在高速及很大的张力下生产时, 在带钢的横截面上产生的张力分布不均, 局部 (一般在带钢边部) 张力过大, 一旦受力达到屈服极限时产生褶皱缺陷;

　　(6) 带钢边部质量不好, 有裂口或毛刺, 在经过平整或拉矫时会出现褶皱, 这种褶皱一般比较短小;

　　（7）钢卷套筒尺寸与开卷机卷径不匹配；

　　（8）钢卷卷取不齐，有溢出造成退火压粘；

　　（9）钢卷端面有较严重的磕伤，平整时也易产生褶皱。

- **危害**

　　影响外观，影响成型效果。

- **鉴别**

　　用肉眼检查，用手感觉，用量具测量褶皱的长度。

- **解决措施**

　　（1）改善来料板型，减轻粘结趋势。适当降低入口开卷张力；

　　（2）选择合适的退火工艺制度；

　　（3）变形的对流盘不得使用；

　　（4）杜绝高温平整（平整上卷温度小于 45°）；

　　（5）定期检测张力辊、开卷机和工作辊的位置精度；

　　（6）改善带钢边部质量，杜绝裂口或毛刺产生；

　　（7）选择与开卷机卷径相匹配的套筒；

　　（8）对于有压粘的钢卷降低平整速度；

　　（9）避免钢卷磕碰。

缺陷 8　色　差

- **定义与特征**

　　钢带表面宽度方向上亮度不一致，局部折射率较高。

- **图谱**

- **原因分析**

　　（1）轧辊不均匀磨损，比如先平整窄钢带，再平整宽钢带；

　　（2）轧辊局部粗糙度变化反映到带钢表面；

　　（3）乳化液残留；

　　（4）退火制度不合理。

图 4 – 10　色差

- **危害**

　　影响外观，影响涂镀效果。

- **鉴别**

　　用肉眼检查。

- **解决措施**

　　（1）合理安排生产计划；

　　（2）轧辊粗糙度局部发生变化后及时换辊；

　　（3）确保轧机的吹扫效果；

　　（4）严格按照退火制度执行。

缺陷9　斑　迹

- **定义与特征**

　　平整时的斑迹有黑斑和黄斑，黑斑一般分布在板宽方向的中部区域，边部少见，呈点状、条状、片块状，无手感。黄斑一般分布于带钢的中部，呈条状分布，边部偶然出现，严重的贯穿整个钢卷。

● **图谱**

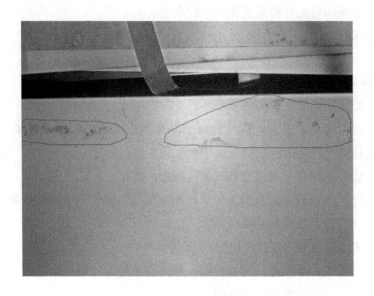

图 4 - 11　斑迹

● **原因分析**

（1）由于轧制工序吹扫效果不好，钢卷表面乳化液残留较多，在退火过程中钢带表面残留乳化液中的轧制油受热挥发并随吹扫气排出，随着温度的升高，部分未排出的轧制油产生热解反应，如不及时吹净，在冷却过程中沉积在钢带表面形成黑斑；

（2）热轧板表面常附有氧化铁皮，在酸洗时欠酸洗，氧化铁皮未完全清除，在轧制过程中压入带钢表面，经罩式退火后，带钢正反两面呈现斑纹状连续黑带；

（3）在冷轧工序，因液压油、润滑油等泄漏粘附在带钢表面，罩退时油不挥发，热解后的碳全部沉积在钢板表面，形成黑斑；

（4）松卷张力过大造成带钢中部挥发困难；

（5）黄斑一般呈带状，颜色为浅黄色，主要是由于钢板表面清洁度差、平整过程中吹扫能力不够等原因造成。

- **危害**

影响钢带的外观质量和用户的涂镀效果。

- **鉴别**

用肉眼检查。

- **解决措施**

黑斑缺陷的改进措施主要是解决前工序问题，具体包括：

（1）改进、提升轧制吹扫效果并加大退火吹扫时间及效果（设置吹扫平台或全过程吹扫）或增加脱脂工序；

（2）杜绝头、尾或边部欠酸洗现象的发生；

（3）搞好设备的点检维护，杜绝液压油、油气润滑油的泄漏；

（4）控制松卷的卷取张力。

黄斑缺陷的改进措施包括：

（1）增加平整机一道吹扫梁，并调整喷嘴的位置与角度；

（2）增加平整机边部吹扫；

（3）提高平整机吹扫压力，保证压缩空气干燥（可进行热风吹扫）；

（4）提高平整液的温度；

（5）调整平整机吹扫制度。

缺陷 10　横　纹

- **定义与特征**

钢带表面有明暗相间的条纹贯穿整个板宽，严重时有手感。

- **图谱**

- **原因分析**

（1）轧辊磨削精度低；

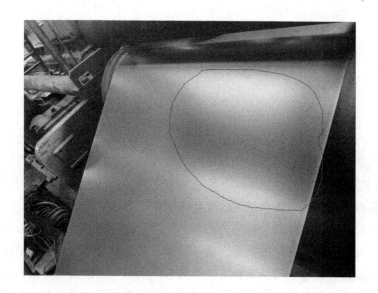

图 4 – 12 横纹

（2）支撑辊使用时间过长；

（3）带钢与平整机设备产生共振。

- **危害**

  影响外观，影响涂镀效果。

- **鉴别**

  用肉眼检查。

- **解决措施**

  （1）保证轧辊的磨削精度；

  （2）支撑辊按照工艺要求定期更换；

  （3）检查设备松动情况，避免带钢与平整机产生共振。

5 精 整

冷轧产品的精整工序包括脱脂、纵剪、拉矫和开平，根据冷轧产品的最终用途要求不同，采取不同的精整工艺。脱脂是用于将冷轧后的钢带表面残留的一些油脂、铁粉和灰尘等杂质清洗掉，减轻退火时的脱脂压力。纵剪是将带钢的宽度按照用户要求裁边或分条达到用户宽度尺寸要求。拉矫又称为拉伸弯曲矫直。拉伸弯曲矫直的主要作用有：一是可获得良好的板型，通过拉伸弯曲矫直之后，可彻底消除板面的浪边、浪形、瓢曲及轻度的镰刀弯，从而大大改善了薄板的平直度；二是有利于改善材料的各向异性，低碳钢的深冲薄板在纵向和横向上的屈服极限常常存在各向异性，所以在薄板作深冲加工时，由于各部的延伸不同被冲件的各部厚度会产生不均，从而会使被冲件产生裙状花边缺陷，由此而导致冲废率的增高，通过拉伸弯曲矫直之后，会使这种状况大大得到改善；三是消除屈服平台，阻止滑移线的形成。开平是将金属卷板经过开卷、矫平、定尺、剪切成所需长度的平整板料并堆垛。

经过精整后的钢卷其表面清洁，板面无缺陷，外形整齐，但是因来料质量不佳、精整条件有时不理想、操作不当和某些机械设备的不良作用，往往会造成带钢表面和边部等缺陷，如清洗黑印、边部毛刺、板型不良、拉矫纹和切斜等。下面介绍一下普碳钢精整常见的缺陷及特征、缺陷产生原因及解决措施。

缺陷 1　宽度不合

- **定义与特征**

钢带宽度与公称宽度不符，过宽或者窄尺或者整卷宽窄不一。

● **图谱**

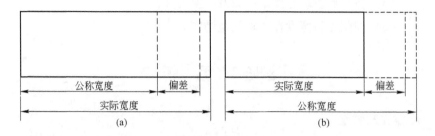

公称宽度　偏差

实际宽度

(a)

实际宽度　偏差

公称宽度

(b)

图 5 – 1　宽度不合

（a）超宽；（b）窄尺

● **原因分析**

（1）圆盘剪剪切宽度设定不合理；

（2）圆盘剪剪切过程中宽度发生变化；

（3）机组张力设定不合理；

（4）剪切过程中带钢鼓起造成带钢切后宽尺；

（5）刀片瓢曲造成带钢剪切后宽度不一致；

（6）原料窄尺。

● **危害**

后工序无法剪切成规定尺寸。

● **鉴别**

用肉眼检查。

● **解决措施**

（1）按要求设定圆盘剪定尺宽度，并考虑后面工序机组的钢带宽度减窄量；

（2）加强圆盘剪维护，对圆盘剪剪切的钢带实际宽度进行复尺检查，发现问题及时调整；

（3）按规程设定机组张力；

（4）压板压紧带钢，防止带钢鼓起，对超宽可剪边的钢带重新上机组剪边；

（5）剪切后发现宽度不一致及时换刀片；

（6）控制原料宽度在要求的范围内。

缺陷2 毛 刺

● **定义与特征**

经剪切的板带边缘，存在连续或断续大小不等的细短丝或尖而薄的金属刺。

● **图谱**

图 5-2 毛刺

● **原因分析**

（1）剪刃间隙过大；

（2）剪刃重合度差；

（3）径向和端面跳动过大；

（4）刀片损坏。

- **危害**

  影响外观，影响成型效果。

- **鉴别**

  用肉眼检查。

- **解决措施**

  （1）减小剪刃间隙量；

  （2）调整剪刃的重合度，保证良好；

  （3）减小刀片的径向和端面跳动；

  （4）更换刀片；

  （5）可增设去毛刺机。

缺陷3　边　丝

- **定义与特征**

  带钢边部偶尔有未剪掉的废边丝。

- **图谱**

图 5 - 3　边丝

- **原因分析**

    （1）剪刃重叠量小；

    （2）剪刃间隙大；

    （3）剪刃不锋利。

- **危害**

    影响外观，影响成型效果。

- **鉴别**

    用肉眼检查。

- **解决措施**

    （1）加大剪刃的重叠量；

    （2）减小剪刃间隙量；

    （3）换刀片或剪刃调面。

缺陷4　翻　边

- **定义与特征**

    经剪切后板带材边部翘起造成卷取后边部向上翻起。

- **图谱**

- **原因分析**

    （1）刀刃不锋利，带钢边部剪切痕过高，导致翻边；

    （2）刀刃刃角超过 $90°$；

    （3）分离盘间距小造成刮边。

- **危害**

    影响外观，影响成型效果。

- **鉴别**

    用肉眼检查。

- **解决措施**

    （1）剪刃调面使用；

图 5 - 4　翻边

（2）换刀片；

（3）保证分离盘的间距；

（4）发现翻边的钢卷可以返平处理。

缺陷5　刀　印

- **定义与特征**

  刀印主要发生在边部，沿轧制方向分布于整卷或局部，宽度同刀片宽度，严重的有手感。

- **图谱**

- **原因分析**

  （1）圆盘剪调节不当，胶套磨削不到位；

  （2）圆盘剪剪刃高于胶套。

- **危害**

  影响钢板的平整度，面板类成品影响较大。

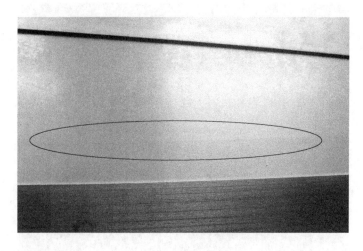

图5-5　刀印

- **鉴别**

　　用肉眼检查。

- **解决措施**

　　(1) 更换圆盘剪，与胶套尺寸合适；

　　(2) 更换胶套，与圆盘剪尺寸合适。

缺陷6　长度不合

- **定义与特征**

　　钢板实际长度超出标准或合同中规定的允许偏差值称为长度不合。长度不合有长尺和短尺两种。

- **图谱**

- **原因分析**

　　(1) 横切剪剪切长度设定不当；

　　(2) 矫直机压下不良，测量轮打滑；

　　(3) 钢带表面有油污，产生相对运动。

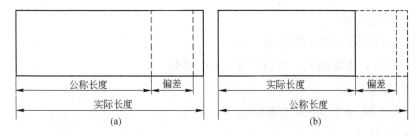

图5-6 长度不合

(a) 长尺；(b) 短尺

- **危害**

  后工序无法使用。

- **鉴别**

  用量具测量。

- **解决措施**

  （1）合理设定横切剪剪切长度，并经常进行长度复尺检查；

  （2）加强横切剪、矫直机、测量轮的维护和操作；

  （3）去除钢带表面的油污，防止钢带产生相对运动。

缺陷7 切 斜

- **定义与特征**

  钢板的长度方向和宽度方向不垂直的现象称为切斜。

- **图谱**

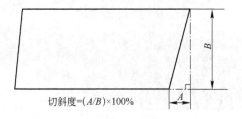

切斜度=$(A/B)\times100\%$

图5-7 切斜

- **原因分析**

  （1）横切剪调整不当；

  （2）带钢跑偏，带钢斜着进入横切剪。

- **危害**

  导致钢带部分或全部判废。

- **鉴别**

  用量具测量。

- **解决措施**

  （1）合理调整横切剪；

  （2）精心操作，剪切时带钢要对正。

缺陷8 拉 矫 纹

- **定义与特征**

  带钢经过拉矫后在其上下表面产生的横向纹络，其间距、宽度呈不规则分布，相互平行，横向连贯分布在整个带钢表面，而且上下表面纹络对应。

- **图谱**

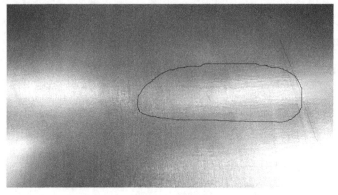

图 5-8 拉矫纹

- **原因分析**

　　（1）带钢温度高进行拉矫；

　　（2）拉矫伸长率太大；

　　（3）工艺流程不合理。

- **危害**

　　影响外观，影响镀层表面质量。

- **鉴别**

　　用肉眼检查。

- **解决措施**

　　（1）最好控制带钢在 40℃ 以下进入拉矫；

　　（2）控制拉矫伸长率；

　　（3）一般先平整再拉矫，并且合理分配平整和拉矫伸长率。

缺陷 9　清洗液残留

- **定义与特征**

　　经过清洗机组后，钢带表面残留有片状痕迹，退火前不明显，退火后呈白色斑迹。

- **图谱**

- **原因分析**

　　（1）刷辊或挤干辊故障；

　　（2）漂洗段电导率高。

- **危害**

　　影响外观，影响耐蚀性。

- **鉴别**

　　用肉眼检查。

- **解决措施**

　　（1）确保刷辊和挤干辊正常运转；

图 5 – 9　清洗液残留

（2）监测漂洗段电导率，发现高了及时处理。

缺陷 10　清洗黑印

- **定义与特征**

　　经过清洗机组后的带钢表面沿轧制方向残留的黑色斑迹。

- **图谱**

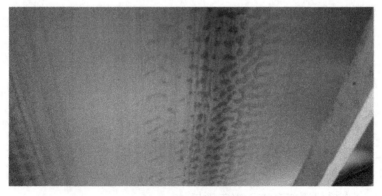

图 5 – 10　清洗黑印

- **原因分析**

  胶辊表面衬胶脱落，胶质粘在带钢表面。

- **危害**

  影响外观，影响涂镀效果。

- **鉴别**

  用肉眼检查。

- **解决措施**

  定期检查胶辊的表面质量。

缺陷 11　边部剪切不净

- **定义与特征**

  裁剪后的带钢边部不整齐，有的地方突出。

- **图谱**

图 5-11　边部剪切不净

- **原因分析**

  (1) 刀刃不锋利;

  (2) 刀刃的重叠量和间隙量不合理;

  (3) 刀片材质不合适。

- **危害**

  影响外观,影响冲压成型。

- **鉴别**

  用肉眼检查。

- **解决措施**

  (1) 换刀刃锋利的刀片;

  (2) 调整刀刃的重叠量和间隙量;

  (3) 裁不同材质的带钢用不同材质的刀片。

缺陷12 拉矫横纹

- **定义与特征**

  带钢下表面,有时上下表面,出现严重的横折纹,纹理方向基本上与带钢运行方向呈 90°。在横向方向上,纹理呈断续状,间隔为 10 ~ 20mm 不等。一般纹理发亮处为拉矫机本体弯曲工作辊产生的。

- **图谱**
- **原因分析**

  (1) 张力辊辊面粗糙度不够造成带钢打滑从而引起速度波动;

  (2) 速度波动不能及时得到补偿。

- **危害**

  影响外观,影响冲压成型。

- **鉴别**

  用肉眼检查。

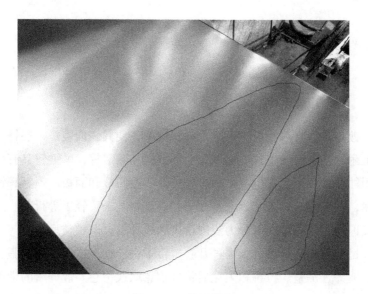

图 5-12 拉矫横纹

● **解决措施**

(1) 提高张力辊辊面的粗糙度；

(2) 优化控制系统速度补偿功能。

6 热 镀 锌

镀锌是指将薄钢板浸入熔化的锌液中，使其表面镀覆一层锌，以增加耐蚀性和表面美观。镀锌分为电镀锌和热镀锌，电镀锌具有优越的耐蚀性，多用于家电、电脑机壳以及一些门板和面板；热镀锌锌层略厚，主要用于建筑、家电、汽车、机械、电子、轻工等行业。热镀锌按退火方式的不同可分为线内退火和线外退火两种类型。

目前较多的热镀锌是经过开卷机将带钢开卷，之后经过脱脂、退火、镀锌、平整、拉矫和钝化后将带钢卷取成钢卷。镀锌后的带钢其表面锌花均匀，板面无缺陷，外形卷取整齐，但是因镀锌条件有时不理想、操作不当和某些机械设备的不良作用，往往会造成带钢表面缺陷，如擦伤、划伤、漏镀、锌疤、锌流纹和气刀条痕、白锈等。下面以线内退火热镀锌为例，介绍镀锌常见的缺陷及特征、缺陷产生原因及解决措施。

缺陷1 漏 镀

- **定义与特征**

带钢经过镀锌后，在镀锌板表面出现漏基板，未镀上锌的现象称为漏镀，其形状不定，大小各异。

- **图谱**
- **原因分析**

（1）原料板卷遇水或者酸碱液体，局部产生红锈；原料板卷存放过久，边部严重氧化；

（2）轧钢时有氧化铁皮压入或夹杂、重皮、严重油斑等缺陷；

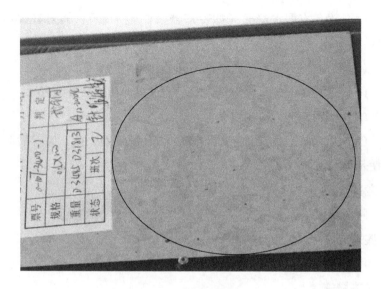

图 6 - 1 点状漏镀

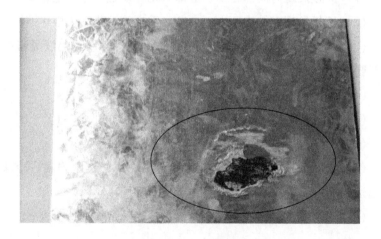

图 6 - 2 片状漏镀

原板局部沾污了甘油、润滑油等其他脏物;

（3）原料板表面有凹坑，凹坑处被乳化液中污垢填平，镀锌后凹坑处出现露钢;

（4）设备有漏水情况（如冷却器及炉辊水套）；辐射管破损漏空气；

（5）炉中氧气未赶净，还原不充分；炉内露点高；

（6）退火炉的入口密封室内填充物过脏，粘附在带钢表面；

（7）炉温偏低；

（8）退火炉内铁屑等杂质过多，粘附在带钢表面，镀锌后脱落致使带钢漏镀。

- **危害**

  降低防腐性能，导致镀锌钢带无法使用。

- **鉴别方法**

  用肉眼检查。

- **解决措施**

  （1）原板发现有局部红锈、边部氧化等缺陷一律拒绝镀锌；

  （2）原板发现有铁皮压入、夹杂、重皮等缺陷一律拒绝镀锌；

  （3）原料板表面有黑灰凹坑点、油污点、严重乳化液黑斑的加强脱脂处理；

  （4）发现设备漏水或者辐射管破损要立即停机处理；

  （5）炉内氧含量和露点达到工艺要求之后方可正式生产；

  （6）对退火炉的进口密封室填充物定期进行更换；

  （7）开机前先用过渡卷拉料，待预热炉温、还原炉温、冷却段炉温达到规定值后，方可转入正常料镀锌；

  （8）根据生产量定期对炉内的氧化铁皮等杂物进行清理。

缺陷2 锌层脱落

- **定义与特征**

  镀锌钢带表面出现锌层与钢基分离的现象称为锌层脱落。

● **图谱**

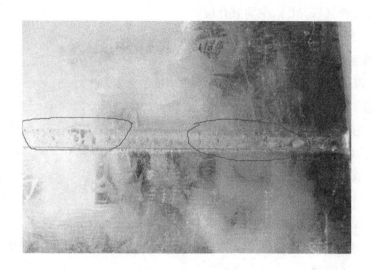

图6-3 锌层脱落

● **原因分析**

原板方面：

（1）钢卷存放时间太长，造成表面严重氧化；

（2）原板表面防锈油没清洗干净；

（3）冷轧时乳化液太脏，液压油、润滑油及一层黑油泥留在原板表面，没清洗干净。

炉子方面：

（1）退火炉内由于炉压低、密封性不好、辐射管破裂等原因出现氧化气氛，致使带钢氧化；

（2）退火炉内保护气氛工艺参数不符合工艺要求，如露点太高、氧含量高和氢气含量低等；

（3）带钢入锌锅温度偏低；

（4）预热炉的炉温偏低，油脂挥发不充分。

镀锌方面：

（1）锌锅中铝含量偏低；

（2）速度太快，带钢在锌液中停留时间太短，未来得及形成五铝化二铁（Fe_2Al_5）中间媒介层；

（3）锌层太厚。

- **危害**

  降低防腐性能，导致钢带无法使用。

- **鉴别**

  用肉眼检查。

- **解决措施**

  原板方面：

  （1）原料卷存放时间不宜过长；

  （2）板卷清洗干净；

  （3）乳化液中不能混入液压油、润滑油及其他脏物，板面要清洁。

  炉子方面：

  （1）炉压符合工艺规范；发现辐射管破裂要及时更换；检查炉子密封性，发现泄漏处，立即处理；

  （2）尽量降低保护气体露点；保护气体中氧含量尽量低；保护气氛氢含量适宜；

  （3）带钢入锌锅温度不能太低；

  （4）控制预热炉炉温。

  镀锌方面：

  （1）合理控制锌锅内铝元素的含量；

  （2）严格执行生产效率表，控制带钢运行速度；

  （3）调整气刀高度、距离、喷嘴等参数，杜绝局部锌层变厚。

缺陷3 锌 粒

- **定义与特征**

  在热镀锌带钢表面上分布有类似米粒的小点，习惯上称为锌粒。

● **图谱**

图 6 - 4　锌粒

● **原因分析**

（1）锌锅温度过高，使底渣浮起；

（2）锌液不纯净，铝和铁的含量偏高而产生较多浮渣；

（3）钢带入锌锅温度过高；

（4）原板表面清洁度差或清洗效果不良。

● **危害**

降低表面组别，导致钢卷层间擦/划伤，运输过程中产生黑斑，降低防腐性能。

● **鉴别**

用肉眼检查。

● **解决措施**

（1）严格控制锌液温度，及时清除锌锅中过多的底渣；

（2）严格控制锌液中铝和铁的含量，防止出现较多浮渣；

（3）严格控制钢带入锌锅的温度；

（4）改善原板表面清洁度，保证清洗效果。

缺陷4 锌花不良

- **定义与特征**

　　镀层表面可看到大小花纹，有时突出，有时平坦，有时很亮，有时灰暗（模糊）。有的表现为相邻的两卷料焊缝前后锌花大小不一致；有的表现为一板面锌花大，另一板面锌花小或者无锌花；有的表现为沿带钢纵向或横向锌花大小呈现有规律的波动。

- **图谱**

图 6 - 5　锌花不良

- **原因分析**

　　（1）退火炉内带钢温度不均，低温区镀锌后锌花小；

　　（2）基板表面有微量杂物存在，影响基板的反射率；

　　（3）退火炉内气氛不佳；

　　（4）钢板表面的粗糙度不一致；

　　（5）钢板板型不好，使镀锌带钢出锌锅后气刀吹扫压力不一致。

- **危害**

　　一方面，锌花大小不均不利于下一步涂层，涂层后板面光泽不均，严重影响板面美观；另一方面，锌花大小不均，则锌层中成分不同，其防腐性能也有所不同，一定程度上影响产品的使用寿命。

● **鉴别**

用肉眼检查。

● **解决措施**

（1）保证退火炉内辐射管完好，带钢温度均匀；

（2）控制基板板面残留物，保证钢板的脱脂效果均匀良好，钢板表面杂物应在进入炉区前处理干净；

（3）保证退火炉内还原性气氛；

（4）尽量保证钢板表面粗糙度一致；

（5）保证带钢板型良好。

缺陷 5 灰色锌层

● **定义与特征**

表面纯锌层消失，即没有锌的结晶花纹，板面显现为灰色。

● **图谱**

图 6-6 灰色锌层

- **原因分析**

一般认为，如果钢中 Si 含量大于 0.1％，在冷却相变过程中，锌铁合金层迅速长大，则将会使表面纯锌层消失，即没有锌的结晶花纹，板面显现为灰色。

- **危害**

降低表面组别。

- **鉴别**

用肉眼检查。

- **解决措施**

控制基板钢中 Si 含量小于 0.1％。

缺陷 6　气刀条痕

- **定义与特征**

镀锌钢带沿轧制方向出现的凸起条状锌层超厚，形成带痕。

- **图谱**

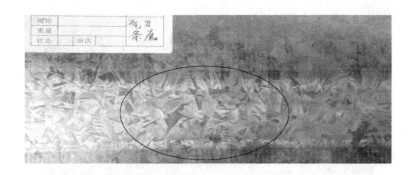

图 6-7　气刀条痕

- **原因分析**

（1）气刀喷嘴损伤；

（2）气刀喷嘴缝隙局部被堵塞；

（3）基板板型不好；

（4）气刀距离带钢太近。

- **危害**

降低表面组别，后续加工过程中可能会损坏冲压模具。

- **鉴别**

用肉眼检查。

- **解决措施**

（1）把损伤的气刀喷嘴缺口用油石打磨圆滑，去除陡然拐点，若缺口太大时就更换喷嘴；

（2）用特制刮刀把气刀喷嘴缝隙中的锌块刮出来；

（3）控制基板板型；

（4）按工艺规范调整气刀与带钢间的距离。

缺陷 7　厚　边

- **定义与特征**

当热镀锌带钢边缘的镀层比中部镀层厚得多时，就产生厚边，严重者卷取后边部外翘呈喇叭状，多发生在薄钢带上。

- **图谱**

- **原因分析**

（1）板型差，有大浪边或大瓢曲；

（2）速度太低；

（3）气刀角度调整得不对；

（4）锌锅温度太低；

（5）气刀喷嘴缝隙未调好；

（6）气刀高度和距离不对。

- **危害**

卷取后可能产生喇叭卷，成型过程中可能损坏模具。

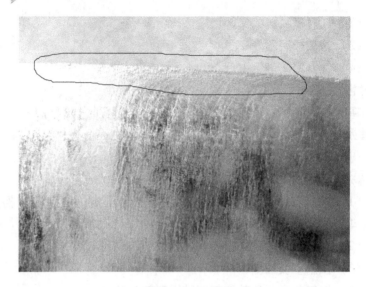

图 6-8 厚边

- **鉴别**

    用肉眼检查。

- **解决措施**

    (1) 改善板型，消除浪边和瓢曲；

    (2) 运行速度不要太低；

    (3) 两侧气刀角度适宜，避免造成气刀对吹；

    (4) 锌锅温度保持恒定；

    (5) 调整好气刀喷嘴缝隙；

    (6) 气刀高度和距离要按规程调整；

    (7) 两侧可采用辅助喷嘴或加装侧板。

缺陷 8 锌 流 纹

- **定义与特征**

    钢板表面有类似水波一样的浪纹，这种浪纹一般由镀锌层厚度不均匀引起，锌流纹处与其他地方板面有色差。

● **图谱**

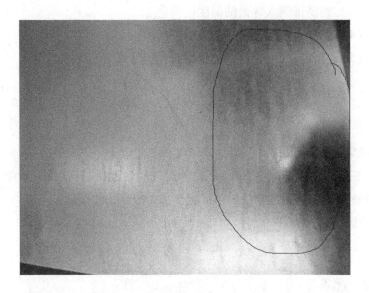

图 6-9　锌流纹

● **原因分析**

(1) 气刀参数设定不合理；

(2) 带钢速度低；

(3) 带钢入锌锅的温度低；

(4) 锌液温度低；

(5) 锌液成分控制不合理。

● **危害**

影响外观，降低防腐性能，成型过程中可能损坏模具。

● **鉴别**

用肉眼检查。

● **解决措施**

(1) 可适当调整气刀的参数，如减小气刀的距离、降低气刀压力和气刀的高度；

    （2）适当提高带钢的运行速度；

    （3）提高带钢入锌锅的温度；

    （4）锌液温度控制在工艺要求范围内；

    （5）控制锌锅中铝和铅的含量在合理范围内。

缺陷9　锌 凸 起

● **定义与特征**

    在带钢的边部或中部呈现明亮的树枝状条纹或存在贝壳状结晶，这种特殊的锌结晶常常使局部锌层凸出，故称为锌凸起。

● **图谱**

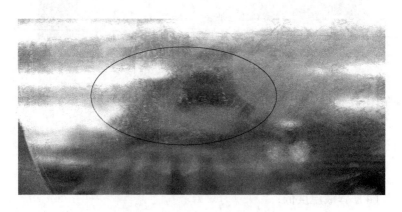

图 6-10　锌凸起

● **原因分析**

    （1）钢带板型不良；

    （2）机组工艺段运行速度过低；

    （3）进入锌锅的钢带温度或锌液温度过低；

    （4）锌液中铝含量过高，锌液流动性差；

    （5）气刀角度偏大、压力偏低。

- **危害**

　　影响锌层性能，降低表面组别，涂层后有色差。

- **鉴别**

　　用肉眼检查。

- **解决措施**

　　（1）控制好钢带板型；

　　（2）确保机组正常运行，避免频繁升降速度；

　　（3）确保入锌锅温度、钢带和锌液温度符合工艺要求；

　　（4）控制锌液中的铝含量，保证锌液具有良好的流动性；

　　（5）调整气刀角度和压力。

缺陷 10　喇 叭 卷

- **定义与特征**

　　钢卷卷取后在钢卷两侧会有翘起现象，严重时外形似喇叭状。此现象最易发生于薄板。

- **图谱**

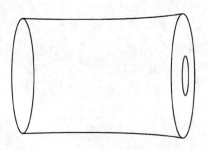

图 6 - 11　喇叭卷

- **原因分析**

　　（1）钢板边缘有损伤或撞伤；

　　（2）由于带钢边部质量不好致使钢板两侧附着过多锌渣；

　　（3）钢卷存在厚边现象。

- **危害**

  影响钢卷包装和搬运，严重的喇叭卷可能导致钢卷无法开卷使用。

- **鉴别**

  用肉眼检查。

- **解决措施**

  （1）搬运及吊运钢卷时应特别小心，勿撞击到钢卷；

  （2）控制基板的边部质量，尽量减少带钢边部附着过多的锌渣；

  （3）适当调整气刀或加装边缘扰流板减少厚边现象；

  （4）可适当采取错边卷取。

缺陷11 光 整 花

- **定义与特征**

  光整后在钢带肋部或边部产生的羽毛状折皱缺陷。

- **图谱**

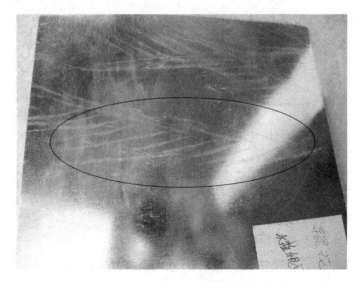

图 6 – 12　光整花

- **原因分析**

（1）光整压下量过大；

（2）原料板型不良，带钢有严重浪边或瓢曲；

（3）光整机轧制力和张力不匹配，或光整机两侧轧制力不平衡，使钢带在光整机处跑偏，钢带边部光整轧制力不均。

- **危害**

影响表面组别和涂装效果，严重的光整花将导致钢带折皱甚至断带。

- **鉴别**

用肉眼检查。

- **解决措施**

（1）合理控制光整机入口张力，使轧制力和张力相匹配，调整好光整机工作状态；

（2）控制基板板型，板型不良的拒绝使用；

（3）合理控制钢带张力，调整轧辊水平度及两边的轧制力，防止钢带跑偏。

缺陷 12　钝 化 斑

- **定义与特征**

镀锌钢板经钝化后表面或钢卷两侧颜色严重发黄的现象称为钝化斑。

- **图谱**
- **原因分析**

（1）局部钝化液喷嘴堵塞；

（2）边部喷嘴未将带钢边部吹干净；

（3）储存槽或管道泄漏，滴到带钢上；

（4）挤干辊辊面破损；挤干辊中部磨损严重，钝化液挤不干；

图 6 - 13 钝化斑

（5）喷嘴给定流量太大，造成溶液飞溅；

（6）钝化液浓度超高；

（7）挤干辊两端压力调整不均。

● **危害**

影响外观，降低表面级别。

● **鉴别**

用肉眼检查。

● **解决措施**

（1）每次检修要把喷射管中的污垢清除，保证喷嘴不堵塞，钝化液喷洒均匀；

（2）始终保持边部喷嘴喷吹带钢边部；

（3）保证管道与储存槽不漏液；

（4）保证挤干辊辊面工作状态良好；

（5）及时调整喷嘴流量，使其喷射均匀又不飞溅；

（6）钝化液浓度保持恒定；

（7）调整挤干辊两端压力平衡。

缺陷13 划 痕

● **定义与特征**

镀锌钢带表面呈现凸起状的纵向条痕,这种缺陷称为划痕。划痕分镀前划痕和镀后划痕,镀前划痕轻微时表现为隐蔽性条痕,连续或断续,无手感,经酸洗去掉镀层后,呈现出条状沟痕,严重时边缘突起且粗糙有毛刺;镀后划痕处发亮,破坏锌层,严重者漏基板。

● **图谱**

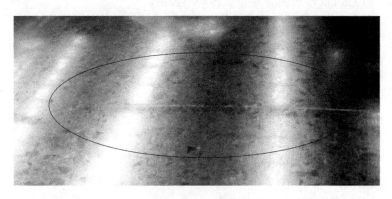

图6-14 镀前划痕

图6-15 镀后划痕

- **原因分析**

  镀锌前划伤：

  （1）冷轧时划伤；

  （2）镀锌入口段各转动辊面划伤；

  （3）入口段导板划伤；

  （4）入口活套划伤；

  （5）炉辊不转；

  （6）炉子密封室或炉箅子内有异物。

  镀锌造成的划伤：

  （1）沉没辊表面有异物或转动不灵活；

  （2）稳定辊不转；

  （3）锌锅中的硬物划伤。

  镀后划伤：

  （1）各辊道托辊不转；

  （2）带钢不对中运行造成擦伤；

  （3）板型太差在气刀和各导板处划伤；

  （4）气刀与带钢距离过小。

- **危害**

  影响锌层性能和涂装效果。

- **鉴别**

  用肉眼检查。

- **解决措施**

  镀锌前划伤：

  （1）冷轧卷有严重划伤禁止镀锌；

  （2）保证入口段的托辊转动；

  （3）检查入口导板，不得有凸出硬物；

  （4）防止带钢在活套中跑偏；

  （5）更换不转的炉辊；

  （6）更换密封室填充物，定期清理密封室内的氧化铁皮等杂物，清除炉鼻子内的异物。

镀锌造成的划伤：

（1）保证沉没辊表面平滑，不得有异物且转动灵活；

（2）必须保证沉没辊和稳定辊与带钢的同步转动；

（3）控制锌锭成分和锌锅参数，减少锌渣产生并及时清理锌渣。

镀后划伤：

（1）保证锌锅之后各辊道托辊转动；

（2）前后调整稳定辊让带钢对中运行；

（3）不让设备与带钢之间产生相对运动；

（4）调整好气刀与带钢的距离。

缺陷 14　浪　形

● **定义与特征**

　　沿轧制方向钢带呈高低起伏弯曲，形似波浪的缺陷称为浪形。浪形有的出现在钢带的头部及尾部，严重时分布在钢带全长。按宽度分类，浪形有单边浪、双边浪、中间浪和复合浪等。

● **图谱**

图 6-16　边浪

- **原因分析**

  （1）拉伸系数给定不足；

  （2）卷取时有厚边缺陷；

  （3）沉没辊中部磨损，成为两头粗中间细的形状；

  （4）原板的板型太差，超出矫直范围；

  （5）炉辊凸度不合理，造成中浪过大，拉矫机不能消除；

  （6）带钢在炉内跑偏，造成单边浪过大。

- **危害**

  降低表面组别，影响涂装效果。

- **鉴别**

  用肉眼检查，用量具测量边浪大小。

- **解决措施**

  （1）按规程给定拉伸系数；

  （2）有厚边缺陷禁止卷取或分卷；

  （3）更换沉没辊；

  （4）原板的板型太差时，拒绝镀锌；

  （5）调整炉辊凸度；

  （6）调整入炉前或炉内纠偏，使带钢在中间位置。

缺陷15 色 差

- **定义与特征**

  同一面板面反光度不一，或者钢板正反面反光度不一。

- **图谱**

- **原因分析**

  （1）与板材表面粗糙度有关；

  （2）锌花大小不一的影响；

  （3）铝含量不足。

图 6 – 17　色差

- **危害**

  降低表面组别，影响涂装效果。

- **鉴别**

  用肉眼检查。

- **解决措施**

  （1）保证板材表面粗糙度一致；

  （2）保证锌花大小均匀；

  （3）提高铝含量至合理工艺范围内。

缺陷 16　白　锈

- **定义与特征**

  在镀锌板的任意部位出现的白色锈斑。

- **图谱**

图6-18 白锈

- **原因分析**

    （1）钝化不良，钝化膜厚度不够或不均匀；

    （2）表面未涂油；

    （3）钝化未完全烘干，带钢表面含有水分；

    （4）在运输或储存中受潮或雨水淋湿；

    （5）成品存放时间过长；

    （6）镀锌板与其他酸碱等腐蚀性介质接触或存放在一起；

    （7）带钢包装时温度过高。

- **危害**

    降低防腐性能，导致钢带无法使用。

- **鉴别**

    用肉眼检查。

- **解决措施**

    （1）保证钝化效果良好；

（2）对带钢进行涂油；捆扎结实，避免散包；

（3）钝化后一定要烘干，不准带入水分；

（4）运输和储存中不能受潮和进入雨水；

（5）成品在库中存放的时间不能太长；

（6）库房内要通风，不得与酸碱等腐蚀性介质接触，室温不得低于露点温度，防止结露氧化；

（7）钢卷温度过高不得包装。

缺陷 17　重皮、夹杂

● **定义与特征**

重皮是钢板表面有连续或断续的线条状分离的现象，有的明显已经与基板分离、翘起，有的像气泡一样鼓起。夹杂是表面有条状规则或不规则的类似镀前划伤一样的缺陷，夹杂处镀层发黑，夹杂一般容易与划伤混淆，需经化验方法检测。

● **图谱**

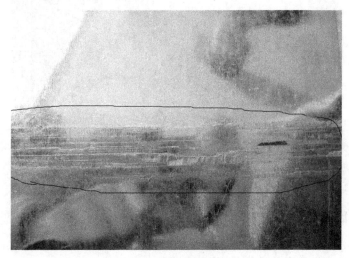

图 6-19　重皮

- **原因分析**

  基板存在重皮、夹杂缺陷。

- **危害**

  重皮、夹杂处锌层容易剥落,影响使用寿命。

- **鉴别**

  用肉眼检查,用化验方法检测分析。

- **解决措施**

  控制基板质量,有重皮、夹杂的基板不得使用。

缺陷18 镀层过薄/过厚

- **定义与特征**

  镀层没有达到技术要求的设定值,比设定值镀层厚度薄/厚。

- **图谱**

图6-20 锌层过厚

- **原因分析**

  (1)锌液温度低/高;

  (2)机组运行速度快/慢;

（3）锌液中铝含量高/低，锌液流动性好/差；

（4）气刀吹气压力大/小；

（5）气刀与带钢距离近/远；

（6）气刀距锌液面距离小/大；

（7）气刀刀唇缝隙大/小；

（8）气刀的角度不合适。

- **危害**

  降低表面组别，影响涂装效果。

- **鉴别**

  用化验锌层厚度或者用锌层测厚仪测量锌层厚度。

- **解决措施**

  （1）提高/降低锌液温度；

  （2）降低/提高机组运行速度；

  （3）降低/提高锌液中铝含量；

  （4）减小/增大气刀吹气压力；

  （5）加大/减小气刀与带钢距离；

  （6）增加/减小气刀距锌液面距离；

  （7）减小/增大气刀刀唇缝隙；

  （8）调整好气刀的角度。

缺陷19　停 车 废

- **定义与特征**

  机组故障停车时间大于 1min 时，锌层与钢基自动分离，锌层粘附性能极差，钢带表面出现大面积锌层自动脱落的现象称为停车废。

- **图谱**

图 6-21　停车废

- **原因分析**

　　机组停机，钢带在炉内停留时间过长，造成氧化，镀层粘附媒介物（Fe_2Al_5）中间层被破坏。

- **危害**

　　无法使用。

- **鉴别**

　　用肉眼检查。

- **解决措施**

　　（1）加强设备维护与管理，减少设备故障停车；

　　（2）提高操作者技术水平，避免人为停车。

缺陷 20　表面黑点

- **定义与特征**

　　肉眼观看为黑点，用放大镜观察则可看到火山口，有时为针孔状漏镀。

- **图谱**
- **原因分析**

　　（1）炉内有漏气现象；

图 6 – 22　表面黑点

（2）各冷却水系统有泄漏现象；

（3）钢板表面锈蚀未还原彻底。

- **危害**

  降低表面组别，降低防腐性能，影响涂装效果。

- **鉴别**

  用肉眼检查。

- **解决措施**

  （1）保证炉况良好；

  （2）保证冷却水系统无泄漏；

  （3）可适当提高板温以促进还原速率或降速以增加反应时间。

缺陷 21　钢卷折痕

- **定义与特征**

  钢带表面出现横向线条，其跨越钢带整个宽度方向。

- **图谱**

图 6 – 23   钢卷折痕

- **原因分析**

    （1）带钢过冷却塔转向辊时板温偏高；

    （2）炉区及锌锅与冷却塔转向辊间张力不合理；

    （3）光整机光整量偏小。

- **危害**

    降低表面组别，影响涂装效果。

- **鉴别**

    用肉眼检查。

- **解决措施**

    （1）合理控制钢带经过冷却塔转向辊时的板温；

    （2）妥善控制炉区及锌锅与冷却塔转向辊之间的张力；

    （3）一旦产生折痕，钢带经光整机处理时略微加大光整量。

缺陷22 宽度不合

- **定义与特征**

    钢板的实际宽度与公称宽度不一致，或者超宽或者窄尺，甚至有的整卷带钢宽度不一。

- **图谱**

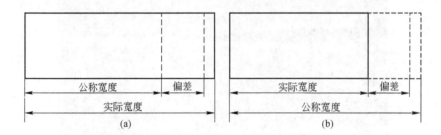

图6-24 宽度不合

（a）超宽；（b）窄尺

- **原因分析**

    （1）炉内张力给定不合理，给定小时超宽，给定大时窄尺；

    （2）基板裁剪宽度不合适；

    （3）拉矫机拉伸系数设定不合理。

- **危害**

    降低表面组别，影响使用。

- **鉴别**

    用量具测量。

- **解决措施**

    （1）严格按照张力表给定炉内张力；

    （2）基板裁剪时留出合适的镀锌拉伸量；

    （3）严格按照技术规程给定拉伸系数。

缺陷 23   气刀刮痕

- **定义与特征**

    沿带钢轧制方向有气刀刮出的条痕。

- **图谱**

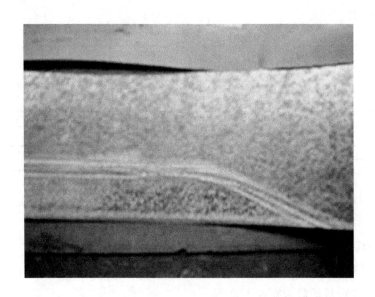

图 6 – 25   气刀刮痕

- **原因分析**

    （1）出锌锅后带钢板型不好；

    （2）气刀与带钢距离太近；

    （3）带钢运行过程中跑偏。

- **危害**

    降低表面组别，降低防腐性能，影响涂装效果。

- **鉴别**

    用肉眼检查。

- **解决措施**

(1) 控制出锌锅带钢板型良好；

(2) 气刀与带钢的距离调整在合理范围内；

(3) 控制带钢在机组中心运行。

缺陷 24　锌　疤

- **定义与特征**

　　在板面呈点状或线状分布的大的锌粒或者锌块，形状不规则，锌疤处板面粗糙不平。一般锌疤容易脱落。

- **图谱**

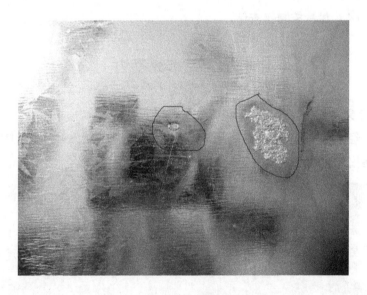

图 6 – 26　锌疤

- **原因分析**

(1) 基板的刮痕处使锌渣易集中附着；

(2) 板面粗糙度不一致，使锌渣易附着于表面粗糙处；

（3）局部气刀喷嘴阻塞，使锌渣无法被吹除；

（4）锌渣被沉没辊压入带钢上表面。

● **危害**

降低表面组别，导致钢卷层间擦/划伤，运输过程中产生黑斑，降低防腐性能。

● **鉴别**

用肉眼检查。

● **解决措施**

（1）检查基板的表面质量，有严重刮伤的拒绝使用；

（2）尽量保证板面粗糙度一致；

（3）及时清理气刀喷嘴；

（4）尽量控制锌渣量。

缺陷25　非光整边

● **定义与特征**

经光整后的镀锌钢带边部锌花未被充分光整的现象称为非光整边。

● **图谱**

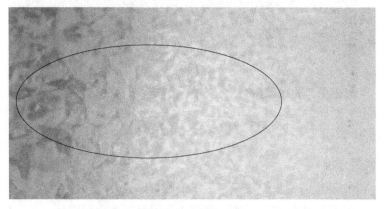

图 6 - 27　非光整边

- **原因分析**

　　（1）镀锌基板凸度过大；

　　（2）光整机工作辊辊型配置不合理；

　　（3）光整轧制力、张力过小。

- **危害**

　　降低表面组别，影响涂装效果。

- **鉴别**

　　用肉眼检查。

- **解决措施**

　　（1）按规程控制镀锌基板的凸度；

　　（2）合理配置光整机工作辊辊型；

　　（3）合理控制光整轧制力和张力。

缺陷26　拉 矫 纹

- **定义与特征**

　　拉矫纹特指钢带经过拉矫后在其上下表面发生的横向纹路。拉矫纹较轻时的形态是间隔小（<2mm），宽度小（<0.5mm），数量多，纹路不是连贯的，而是无规则分布在整个带钢表面；拉矫纹较严重时的形态是间隔距离较大（达到3mm以上），宽度也较大（达到1mm以上），数量较少，横向连贯分布在整个带钢表面，相互平行，规律性很强，而且上下表面的纹路是对应的；最严重的拉矫纹是不用弯曲辊只靠前后张力辊将钢带拉伸到一定程度，在钢带表面产生的横向拉伸痕，这种拉伸痕间隔在20~30mm之间，宽度达到5~10mm，大体相互平行，也有呈分叉的树枝状。

- **图谱**

- **原因分析**

　　（1）拉矫时带钢温度高；

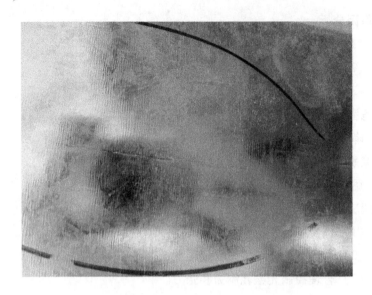

图 6 – 28　拉矫纹

（2）拉矫伸长率太大；

（3）工艺流程不合理；

（4）拉矫前张力辊辊径小。

- **危害**

　　影响产品美观，影响热浸镀板的力学性能；导致彩涂涂层出现针孔缺陷，严重时漆层外观不能保持光滑平整。

- **鉴别**

　　用肉眼检查。

- **解决措施**

（1）最好控制带钢温度在 40℃以下进行拉矫；

（2）控制拉矫伸长率；

（3）一般先平整再拉矫，并且合理分配平整和拉矫的伸长率；

（4）对张力辊的辊径进行重新核实。

7 彩 涂

　　彩涂是指在连续机组上以冷轧带钢或镀锌带钢（电镀锌和热镀锌）为基板，经过表面预处理（脱脂和化学处理），用辊涂的方法，在带钢表面涂上一层或多层液态涂料，经过烘烤和冷却所得的板材。按照彩涂使用的基板不同，有冷轧基板彩涂、热镀锌彩涂和电镀锌彩涂。

　　彩涂后的带钢外表美观，色彩艳丽，耐蚀性好，板面无缺陷，外形卷取整齐，加工成型方便，但是因来料质量不佳、彩涂条件有时不理想、操作不当和某些机械设备的不良作用，往往会造成带钢表面缺陷，如漏涂、划伤、色差、条痕和针孔等。下面以热镀锌板为基板的彩涂为例，介绍一下彩涂常见的缺陷及特征、缺陷产生原因及解决措施。

缺陷1　漏　涂

● **定义与特征**

　　在彩涂板生产过程中，钢板表面局部或整段出现点状或片状漏基板或漏底漆的现象。

● **图谱**

● **原因分析**

　　（1）原料或机组线的辊子上有杂物，造成涂料未附着在钢板上而造成凹凸点漏涂；

　　（2）带钢边浪或中浪过大，造成涂机的涂覆辊不能接触到带钢而造成漏涂现象，边浪漏涂主要出现在带钢的背涂面；

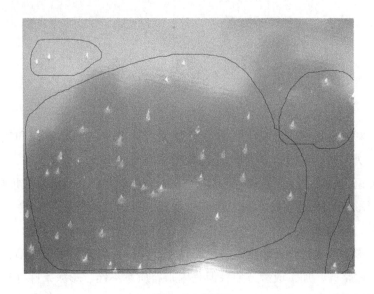

图 7 - 1　漏涂

（3）涂辊与带钢未完全接触，多是一侧漏涂；

（4）基板漏镀或基板含非金属夹杂；

（5）涂辊有伤，但带钢无法移出有伤范围造成条状漏涂；

（6）涂辊速度过快。

- **危害**

影响外观，影响使用性能，抗腐蚀性降低。

- **鉴别**

用肉眼检查。

- **解决措施**

（1）在开机生产前对彩涂线辊子进行清洗，防止辊子上有杂物出现；

（2）严格控制来料的板型；根据带钢边部浪形情况调整背涂机边部下压装置进给气缸的压力与下压量，增加带钢与涂覆辊的接触面积；

（3）调整背涂机支撑辊的高度，使辊子与带钢接触面积增大，涂覆辊所受压力增加，则变形增加，从而达到使带钢与涂覆辊更好地接触；

（4）保证基板的表面质量；

（5）定期更换涂辊；

（6）适当降低涂辊运转速度。

缺陷 2　漆层划伤

● **定义与特征**

钢带表面出现纵横沟槽，多数情况下为纵向，沟槽深浅不一、宽窄不等，轻者呈现隐条无手感，未破坏涂层；重者破坏涂层，更严重时可见基板。

● **图谱**

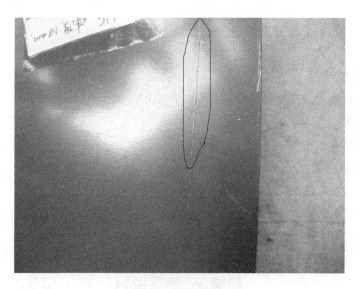

图 7 - 2　涂前划伤

● **原因分析**

（1）钢带与设备发生相对运动产生划伤；

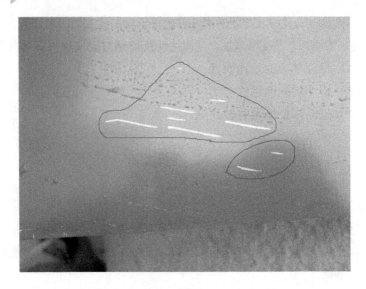

图 7 - 3 涂后划伤

    （2）涂料中掺有硬性杂质；

    （3）钢带板型不好，波浪度超出标准值。

- **危害**

    影响了彩涂产品的外观，会使产品的抗腐蚀性降低。

- **鉴别**

    用肉眼检查。

- **解决措施**

    （1）检查设备的运转情况和设备表面是否有异物；

    （2）严格禁止涂料内进入硬物；

    （3）控制基板板型，浪形控制在标准值范围内。

缺陷 3　涂层脱落

- **定义与特征**

    面漆、背漆与底漆脱离或有机涂层与基板脱离。

● **图谱**

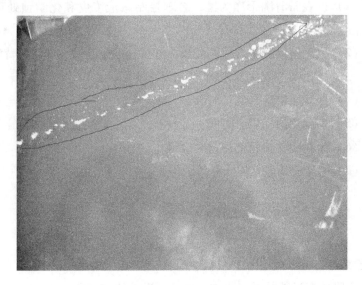

图 7 - 4　涂层脱落

● **原因分析**

（1）清洗基板时，碱液的浓度过高；

（2）化学预处理剂的浓度太高或太低，以及未涂上等；

（3）底漆与面、背漆不配套；

（4）底漆与基板不配套；

（5）涂层固化不完全或固化过火；

（6）涂层冷却不充分；

（7）炉温过高或烘干时间过长；

（8）涂料中的稀释剂用量过多，引起附着力下降；

（9）基板污染，表面有水、油、锈，未能清洗干净。

● **危害**

降低表面组别，影响使用。

● **鉴别**

用肉眼检查。

- **解决措施**

（1）以表面清洗干净为准，合理控制碱液浓度和化学预处理剂的浓度；

（2）根据基板配备合适的底漆，并合理匹配底漆、面漆和背漆；

（3）合理调整固化工艺；

（4）保证涂层冷却的均匀性；

（5）控制炉温和烘干时间；

（6）涂料中的稀释剂用量要合理；

（7）加强前处理，加强原料的检验。

缺陷4 气 泡

- **定义与特征**

漆膜上有米粒状浮起小泡，内部充满液体或气体。

- **图谱**

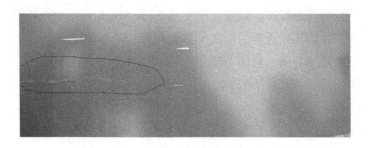

图 7-5 气泡

- **原因分析**

（1）烘烤温度高，溶剂蒸发过快；

（2）基板表面有水或其他污染物残留；

（3）涂料存放环境不适宜或者涂料被污染；

（4）涂料黏度高。

- **危害**

  影响外观，影响耐蚀性。

- **鉴别**

  用肉眼检查。

- **解决措施**

  （1）降低烘烤温度，避免溶剂蒸发过快或者选择蒸发慢的稀释剂；

  （2）涂覆前板面清洗干净且保持干燥；

  （3）涂料存放要选择适宜的环境，不能被污染；

  （4）降低涂料黏度。

缺陷 5 发 花

- **定义与特征**

  在板面形成形状怪异、颜色光泽不一致的斑痕。

- **图谱**

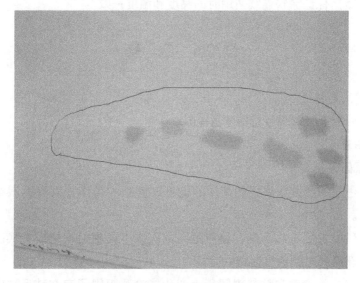

图 7-6 发花

- **原因分析**

　　（1）带钢与涂漆辊速度不匹配；

　　（2）涂层厚度不一致；

　　（3）固化条件不一致；

　　（4）涂料搅拌不充分；

　　（5）涂料连续使用时的黏度、温度不一致。

- **危害**

　　影响外观，影响耐蚀性。

- **鉴别**

　　用肉眼检查。

- **解决措施**

　　（1）合理调整带钢与涂漆辊的速度；

　　（2）保证涂层厚度一致；

　　（3）合理控制固化条件；

　　（4）保证涂料搅拌充分；

　　（5）保证涂料连续使用时的黏度和温度一致。

缺陷6　色　差

- **定义与特征**

　　钢板上有肉眼可见的颜色差异。

- **图谱**

- **原因分析**

　　色差的产生跟油漆的使用、设备的调整和操作控制等因素都有关系。

　　（1）涂料批次不同，使用不同批次或不同桶内涂料或者换新批号或新涂料时颜色有差别；

　　（2）涂覆辊和粘料辊间压力变化或涂覆辊辊子存在鼓形缺陷造

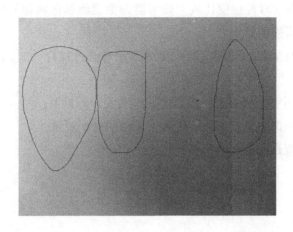

图 7 – 7 色差

成膜厚不同；

（3）涂料在使用过程中稀释剂挥发过快造成黏度增加，或涂料在搅拌完成后没有及时使用，涂料桶上部的涂料黏度会因沉淀而造成黏度降低，从而造成膜厚不同；

（4）炉温设定不合理造成的板温过高或过低；

（5）冷却用水水质差污染板面引起板面光泽不高或冷却装置内挤干辊挤干效果差造成板面有水渍；

（6）基板的粗糙度不同。

● **危害**

影响外观。

● **鉴别**

用肉眼检查。

● **解决措施**

（1）在涂料的使用上找原因，从化验室刮板，一板两个批号进行比较，如果刮板存在色差不合格，禁止上机使用；

（2）严格禁止存在鼓形缺陷的辊子上机使用，注意耗漆量的变化，如出现涂料耗量变化较大则可能为涂覆辊和粘料辊间压力改变，需要重新调整辊间压力；

（3）在涂料的使用过程中继续对涂料进行搅拌，检测涂料的黏度变化；

（4）不定期测板温，换规格（差别大）测板温；

（5）及时更换冷却水，增强挤干辊的挤干效果；

（6）保证基板的表面粗糙度一致。

缺陷7 缩 孔

● **定义与特征**

涂料涂覆后收缩，局部露出底面，呈小圆形或椭圆形漆膜凹陷，这种缺陷称为缩孔。

● **图谱**

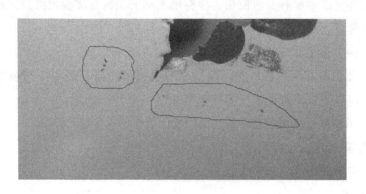

图 7 - 8 缩孔

● **原因分析**

（1）钢板表面不洁净；

（2）底漆冷却水不洁净；

（3）涂漆黏度未达到要求；

（4）涂料与带钢表面温度相差太多。

- **危害**

    影响外观，影响耐蚀性。

- **鉴别**

    用肉眼检查。

- **解决措施**

    （1）基板在涂装前要尽可能地清洗干净，减少基板上的油污、杂物对涂料性能的影响；

    （2）确保底漆冷却水洁净；

    （3）使用表面张力控制剂或一些润湿效果较好的溶剂；

    （4）涂料与带钢表面温度应接近。

缺陷8　条　痕

- **定义与特征**

    在钢板表面有横向或者纵向条状纹路，表面光滑。

- **图谱**

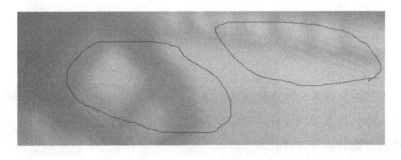

图7-9　条痕

- **原因分析**

    （1）黏度过高或过低；

(2) 涂敷不良;

(3) 涂膜过厚;

(4) 树脂、溶剂性质不良;

(5) 溶剂过多或不易挥发;

(6) 辊涂机工作状态不良;

(7) 涂敷辊条状伤痕。

- **危害**

影响外观,影响耐蚀性。

- **鉴别**

用肉眼检查。

- **解决措施**

(1) 调整涂料的黏度;

(2) 调整辊涂机的工作状态,包括辊速及辊缝,保证涂膜厚度和涂敷效果;

(3) 调整或选择涂料或溶剂;

(4) 调节加热固化速度;

(5) 检查涂辊机和涂辊表面状态,及时进行调整或更换。

缺陷9 辊 痕

- **定义与特征**

带钢在涂敷时把涂敷辊的缺陷印在带钢上的这种产品缺陷称为辊痕。形状为点状或线状,辊印位置的间隔是涂辊的周长,或者平行或垂直带钢的运行方向的条纹。

- **图谱**
- **原因分析**

(1) 在使用过程中辊子表面存在凸起或凹陷的质量缺陷;

(2) 辊子在磨削修复后辊子的质量不合格,存在磨削痕迹或辊

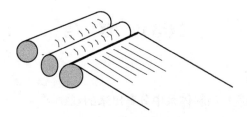

图 7 - 10　辊轮辊痕

图 7 - 11　辊轮振动痕

子的同轴度和圆度超差；

（3）涂装辊轮转速不对；

（4）辊轮转速不正确造成振动；钢板与辊轮接触不良造成涂层厚薄发生变化；辊轮中心线不准造成振动。

● **危害**

影响外观，影响使用。

● **鉴别**

用肉眼检查。

● **解决措施**

（1）检查辊子表面质量；

（2）上机前确定辊子的平整度，禁止不合格的辊子上机使用；

（3）调整涂装辊轮转速；调整带漆与涂装辊轮之间的压力；

（4）检查线速；调整辊轮转速；检查湿膜厚度；更换辊轮。

缺陷10　浮　色

- **定义与特征**

  均匀的颜色从涂料体系中分离出来的现象。

- **图谱**

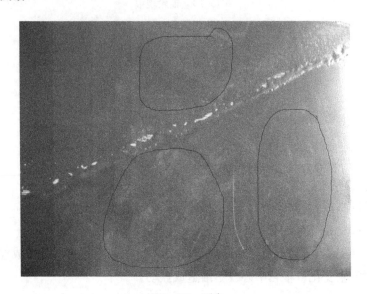

图 7 – 12　浮色

- **原因分析**

  料盘内油漆由于流动不充分，使油漆内密度较小的颜料浮出表面。

  （1）涂料密度相差大；

  （2）溶剂组合不当；

  （3）漆膜过厚；

  （4）溶剂用量过大；

  （5）涂料过稀。

- **危害**

  影响外观质量。

- **鉴别**

  用肉眼检查。

- **解决措施**

  （1）对涂料预先进行试验选择；

  （2）注意涂料的储存条件；

  （3）控制涂膜厚度在合理的范围内；

  （4）避免过度稀释。

缺陷 11　T 弯不合

- **定义与特征**

  钢板做弯曲 180°试验时，加工部位的涂层发生龟裂及涂层剥落的现象。

- **图谱**

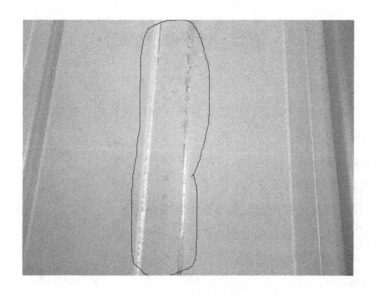

图 7 - 13　T 弯不合

- **原因分析**

　(1) 前处理不充分；

　(2) 钝化膜厚或者不均匀；

　(3) 底漆膜过厚；

　(4) 过度烘烤。

- **危害**

　影响耐蚀性。

- **鉴别**

　做弯曲试验检查。

- **解决措施**

　(1) 保证前处理效果；

　(2) 控制钝化膜的厚度及均匀性；

　(3) 降低底漆膜厚；

　(4) 严格执行工艺规范，控制烘烤时间和烘烤温度。

缺陷 12　背面漆粘结

- **定义与特征**

　开卷时有轻度剥落，底漆反粘出现颗粒状粘点的现象。

- **图谱**

- **原因分析**

　(1) 背漆固化不充分；

　(2) 固化漆膜的固化温度低于环境温度；

　(3) 收卷时卷芯温度偏高；

　(4) 漆膜表面硬度差。

- **危害**

　影响外观，影响耐蚀性。

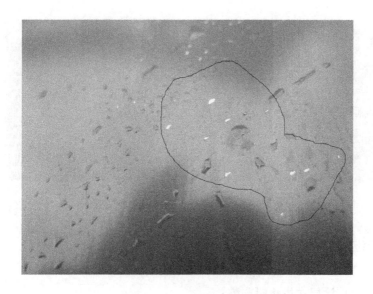

图 7 – 14　背面漆粘结

- **鉴别**

　　用肉眼检查。

- **解决措施**

　　（1）改进背漆配方与面漆同步充分固化；

　　（2）提高漆膜固化温度；

　　（3）降低出口段速度，从而降低收卷带钢温度；

　　（4）提高漆膜的表面硬度。

缺陷 13　涂层凸起点

- **定义与特征**

　　表面出现凸起小点，有时有手感，有时无手感，面积及部位不定。

- **图谱**

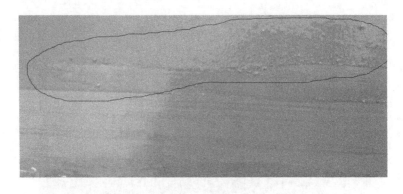

图 7 - 15 涂层凸起点

- **原因分析**

    （1）镀锌基板上存在锌粒和停车缺陷；

    （2）涂层在烘烤时起泡；

    （3）涂料本身的填料、颜料研磨不细，未达到规定细度；

    （4）涂料上机前未经过滤或过滤不好；

    （5）涂层室场地不清洁，灰尘、砂粒吹落在自然流平段的涂层表面；

    （6）炉子各段温度偏低。

- **危害**

    影响外观，影响耐蚀性。

- **鉴别**

    用肉眼检查。

- **解决措施**

    （1）控制基板质量，拒绝使用存在严重锌粒和停车缺陷的基板；

    （2）控制烘烤工艺；

    （3）保证涂料质量合格；

    （4）涂料按工艺要求使用；

    （5）保证涂层室清洁；

（6）合理控制炉子各段温度。

缺陷 14　漆膜粉化

- **定义与特征**

  用手摸有白色粉末掉下，深颜色彩板颜色变浅。

- **图谱**

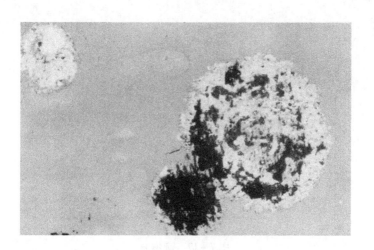

图 7 - 16　漆膜粉化

- **原因分析**

  （1）涂料中的颜料或树脂不合格；

  （2）包装纸和涂层起反应。

- **危害**

  影响外观，影响耐蚀性。

- **鉴别**

  用肉眼检查，用手摸。

- **解决措施**

  （1）选择合格的涂料；

（2）避免包装纸和漆层起反应。

缺陷 15 滴 焦 油

- **定义与特征**

  钢板表面存在不规则黑色焦油痕迹。

- **图谱**

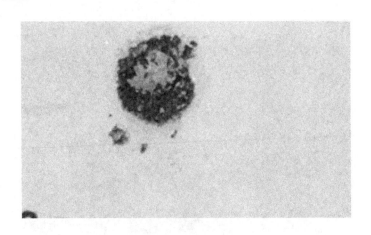

图 7－17 滴 焦 油

- **原因分析**

  （1）固化炉内焦油积聚过多；

  （2）涂料稀释剂加入过量；

  （3）固化炉排风通道状况不佳。

- **危害**

  影响外观，影响耐蚀性。

- **鉴别**

  用肉眼检查。

- **解决措施**

  （1）定期清理固化炉内的焦油；

（2）控制涂料稀释剂加入量；

（3）保证固化炉排风通道状况良好。

缺陷16　针　孔

- **定义与特征**

  在涂层表面有突起的小孔。

- **图谱**

图 7 – 18　针孔

- **原因分析**

  （1）涂装前板面上有水；

  （2）溶剂挥发过快；

  （3）涂料黏度过高；

  （4）加热速度过快；

  （5）涂层过厚。

- **危害**

  影响外观，影响安全性能。

- **鉴别**

  用肉眼检查。

- **解决措施**

  （1）保证涂装前板面干燥；

  （2）使用专用溶剂或降低入口炉温；

  （3）降低涂料黏度；

  （4）调整固化速度；

  （5）调节涂层厚度。

缺陷17 透色（渗色）

- **定义与特征**

  透过面漆可见底漆的颜色。

- **图谱**

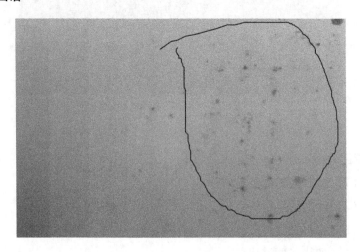

图7-19 透色

- **原因分析**

  （1）过度稀释；

（2）涂料沉降；

（3）涂膜厚度不均匀；

（4）面漆过薄；

（5）涂面漆时底漆未固化。

- **危害**

  影响外观。

- **鉴别**

  用肉眼检查。

- **解决措施**

  （1）使用适量溶剂；

  （2）充分搅拌涂料；

  （3）了解、掌握涂料性能；

  （4）调节面漆厚度在合理范围内；

  （5）调整机组速度或增加炉温使底漆固化充分。

8 电镀锡

在冷轧基板表面镀上一层锡，目的是增加其耐蚀性和表面美观程度。镀锡有热镀锡和电镀锡，而电镀锡根据电解液种类的不同，可分为酸性型、卤素型及碱性型。酸性型以弗洛斯坦型（Ferrostan，简称F型）应用最普遍，以硫酸亚锡作为电解液，是由美钢联开发的。我国目前绝大多数的电镀锡生产线是F型的。卤素型（Halogen，哈罗根法，简称H型）多数集中于美国，其电镀液是采用氯化亚锡和碱金属氟化物的水溶液，并以萘酚磺酸或聚氧乙烯类化合物作添加剂。碱性型（简称A型）以锡酸钠为电解液，由于工艺陈旧，耗电大，电流效率低，已大部分被淘汰。

电镀锡是经过开卷机将带钢开卷，之后经过脱脂、酸洗、电镀锡、软熔、淬水、钝化和涂油后将带钢卷取成钢卷。电镀锡后的带钢其表面光亮，板面无缺陷，外形卷取整齐，但是因来料质量不佳、电镀锡条件有时不理想、操作不当和某些机械设备的不良作用，往往会造成带钢表面缺陷，如擦伤、划伤、堆锡、压痕、木纹、黄斑等。下面以弗洛斯坦酸性型为例，介绍电镀锡常见的缺陷及特征、缺陷产生原因及解决措施。

缺陷1 划 伤

- **定义与特征**

镀锡钢带表面呈现凸起或凹陷状的纵向条痕，这种缺陷称为划伤，严重者会产生孔洞。根据划伤产生在镀锡前还是镀锡后，可将划伤分为镀前划伤和镀后划伤。镀前划伤不光亮，轻微的表现为隐蔽性条痕，连续或断续，经酸洗去掉镀层后，呈现出条状沟痕，严重时边缘突起且粗糙有毛刺；镀后划伤发亮，破坏锡层，严重者漏基板。

● **图谱**

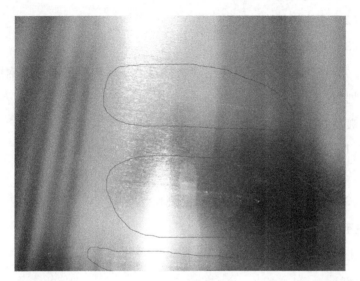

图 8 - 1 镀前划伤

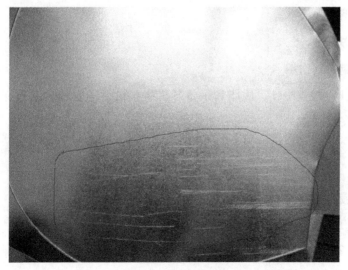

图 8 - 2 镀后划伤

- **原因分析**

  镀前划伤：

  （1）冷轧时划伤；

  （2）脱脂时划伤；

  （3）平整时划伤；

  （4）电镀前设备上有突出硬物或者设备运转不正常与带钢接触产生划伤。

  镀后划伤：

  （1）各辊道托辊不转；

  （2）带钢不对中运行造成；

  （3）带钢板型差，在各导板处划伤。

- **危害**

  影响外观，影响耐蚀性。

- **鉴别**

  用肉眼检查。

- **解决措施**

  镀前划伤：

  （1）检查冷轧、脱脂和平整各机组各设备的运转情况及保证辊面无突出硬物；

  （2）确保电镀前各运转设备与带钢同步，各导板等表面无突出硬物。

  镀后划伤：

  （1）保证镀锡之后各辊道托辊转动；

  （2）保证带钢对中运行；

  （3）保证带钢板型良好。

缺陷 2　擦　伤

● **定义与特征**

　　带钢与带钢之间或者带钢与设备之间产生相对滑动，致使带钢表面有点状或面状呈簇分布的亮点或亮面。

● **图谱**

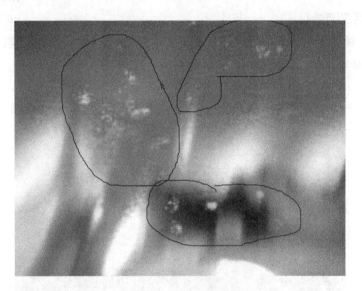

图 8 - 3　擦伤

● **原因分析**

　　（1）板面未涂油或涂油不均；

　　（2）卷取张力给定不合理；

　　（3）镀锡后带钢与机组转动设备不同步。

● **危害**

　　影响外观，影响耐蚀性，易产生黄斑。

● **鉴别**

　　用肉眼检查。

● 解决措施

(1) 保证板面涂油且均匀;

(2) 卷取张力给定要严格执行工艺规范;

(3) 检查机组设备,保证转动设备与带钢运转同步。

缺陷3 白 边

● 定义与特征

镀锡带钢边部沿带钢运行方向呈现白色,这种缺陷称为白边。

● 图谱

图8-4 白边

● 原因分析

(1) 镀液中铬离子超标;

(2) 镀液中锡浓度过低;

(3) 边部锡层增厚,致使软熔效果不佳;

　　（4）边缘罩推进量不足；

　　（5）边缘罩屏蔽布破损。

- **危害**

　　影响外观，影响耐蚀性。

- **鉴别**

　　用肉眼检查。

- **解决措施**

　　（1）确保镀液中铬离子含量不超标；

　　（2）镀液中锡浓度严格控制在工艺要求范围内；

　　（3）控制好边部锡层厚度，软熔时注意边部效果；

　　（4）控制好边缘罩推进量；

　　（5）确保边缘罩屏蔽布完好。

缺陷 4　烧　点

- **定义与特征**

　　镀锡板表面由于发生电弧腐蚀产生的缺陷称为烧点。烧点缺陷呈黑色，分为边部烧点和板面烧点。边部烧点为密集的长条状小黑点，发生部位比较集中；板面烧点多为 $0.1 \sim 0.4 \mathrm{mm}$ 的小黑点，发生部位比较零星。高镀锡量产品易产生板面烧点。

- **图谱**

- **原因分析**

　　边部烧点：

　　（1）阳极板与带钢间的距离发生变化；

　　（2）带钢边部板型差，导致带钢不能与软熔导电辊充分接触，产生微量电火花而灼伤。

　　板面烧点：

　　软熔后淬水槽溶液聚集在淬水后的接地辊上，溶液干燥结垢，造

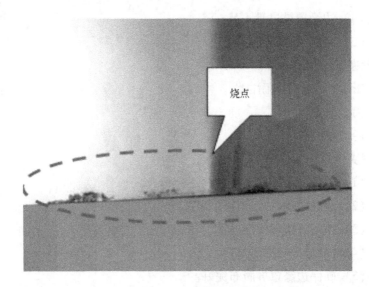

图 8-5 边部烧点

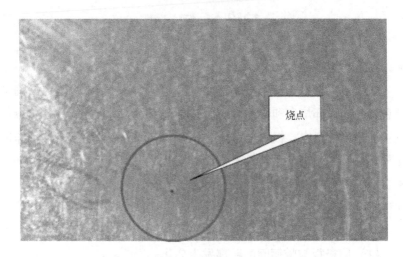

图 8-6 板面烧点

成虚接触。

● **危害**

影响外观，影响耐蚀性。

- **鉴别**

　用肉眼检查。

- **解决措施**

　边部烧点：

　（1）控制好阳极板的安装位置；

　（2）保证带钢边部板型良好。

　板面烧点：

　（1）定期更换淬水槽溶液，确保淬水槽溶液清洁；

　（2）定期清理软熔淬水槽后的接地辊，确保该接地辊良好、均匀的导电性能；

　（3）对高镀锡量产品，加强对板面的检查频率，发现问题及时处理。

缺陷 5　针孔（麻点）

- **定义与特征**

　镀锡板表面有针孔状缺陷，有的呈黑色，有的呈亮色。

- **图谱**

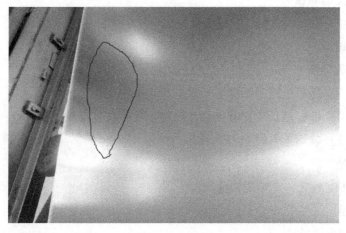

图 8 - 7　针孔

- **原因分析**

  （1）阴极电流密度过高；

  （2）阴极移动太慢；

  （3）有机杂质过多；

  （4）光亮剂过多。

- **危害**

  影响外观，影响耐蚀性。

- **鉴别**

  用肉眼检查。

- **解决措施**

  （1）降低阴极电流密度；

  （2）小电流电解处理或活性炭处理；

  （3）适当提高阴极移动速率；

  （4）用絮凝剂或活性炭处理，减少有机杂质含量。

缺陷6　白点（白印）

- **定义与特征**

  镀锡板表观白色点状或条状缺陷。

- **图谱**

- **原因分析**

  （1）基板脱脂时不彻底，板面存留杂物和油污；

  （2）镀锡基板表面有夹杂、重皮、氧化铁皮等缺陷；

  （3）软熔导电辊粗糙度降低。

- **危害**

  影响外观，影响耐蚀性。

- **鉴别**

  用肉眼检查。

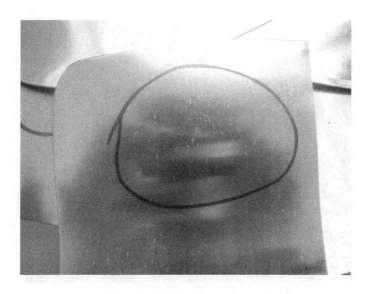

图 8 - 8 白点

- **解决措施**

（1）加强脱脂效果，保证清洗质量；

（2）控制基板表面的质量，有夹杂、重皮、氧化铁皮等缺陷的基板不得使用；

（3）定期更换软熔导电辊。

缺陷7 光亮度差

- **定义与特征**

镀锡钢板表面发暗，没有光泽。

- **图谱**
- **原因分析**

（1）光亮剂不足；

（2）温度过高；

图 8-9　光亮度差

(3) 镀液中 Cu^{2+}、Cl^- 杂质过多；

(4) 电流过小或过大；

(5) 锡盐含量过高。

- **危害**

　影响外观。

- **鉴别**

　用肉眼检查。

- **解决措施**

(1) 添加光亮剂；

(2) 降低温度或暂停生产；

(3) 低电流电解处理；

(4) 调整电流；

(5) 添加适量硫酸稀释溶液。

缺陷 8 堆 锡

- **定义与特征**

  镀锡板表面局部锡层过厚，严重者会产生结瘤。

- **图谱**

图 8 – 10 堆锡

- **原因分析**

  （1）游离酸浓度太高；

  （2）阳极面积过大；

  （3）阳极电流太大。

- **危害**

  影响外观，影响耐蚀性。

- **鉴别**

  用肉眼检查。

- **解决措施**

　　（1）调整游离酸的浓度在合理范围内；

　　（2）控制阳极面积的大小；

　　（3）控制阳极电流。

缺陷9　表面污斑

- **定义与特征**

　　镀锡板表面不干净，有花斑。

- **图谱**

图8-11　表面污斑

- **原因分析**

　　（1）镀液中铁含量超标，产生烧焦的粉末状污痕；

　　（2）游离酸浓度太高。

- **危害**

　　影响外观，影响耐蚀性。

- **鉴别**

   用肉眼检查。

- **解决措施**

   （1）控制镀液中铁含量；

   （2）控制游离酸浓度。

缺陷 10　淬 水 斑

- **定义与特征**

   镀锡层表面上有像沾附了污水又干燥了的残迹那样的污斑。淬水斑有的很大，像地图状，有的很小，像霜花状，但遍布整个板面。其大多发生在镀锡量较少的镀锡板上。

- **图谱**

图 8 – 12　淬水斑

- **原因分析**

   （1）钝化后冲洗或烘干效果不好；

（2）淬水槽中含有杂质微粒；

（3）水质不合格。

- **危害**

  影响外观，影响镀锡效果。

- **鉴别**

  用肉眼检查。

- **解决措施**

  （1）提高钝化后的冲洗和烘干效果；

  （2）加强淬水槽中水的过滤处理；

  （3）采用去离子水，保证水质要求。

缺陷11　木　纹

- **定义与特征**

  表面锡层呈明暗相间的条纹。

- **图谱**

图 8-13　木纹

- **原因分析**

    （1）镀液中铬离子超标；

    （2）原板表面残留氧化物过多；

    （3）过度酸洗使钢带带有不规则的氧化膜；

    （4）酸洗后冲洗水水质不合格；

    （5）软熔钝化水温度偏低。

- **危害**

    影响外观。

- **鉴别**

    用肉眼检查。

- **解决措施**

    （1）控制镀液中铬离子浓度；

    （2）减少原板表面氧化物残留；

    （3）酸洗要适当；

    （4）保证酸洗后的冲洗水水质质量；

    （5）严格控制水温。

缺陷 12   锡层均匀性差

- **定义与特征**

    带钢表面锡层厚度不均匀，时厚时薄，锡层薄处有时出现雾状，严重者板面发黑，做涂黄处理后表面光泽度差。

- **图谱**

- **原因分析**

    （1）溶液温度偏高；

    （2）阴极电流效率低；

    （3）阴极电流密度不合理。

图 8 - 14 涂层厚度不均造成涂黄后颜色不一致

- **危害**

    影响外观质量，影响耐蚀性，影响焊接性。

- **鉴别**

    用肉眼检查。

- **解决措施**

    （1）溶液温度控制在合理的工艺范围内；

    （2）移动阴极。

缺陷 13 色 差

- **定义与特征**

    镀锡板板面不同位置反射率不一致。

- **图谱**

- **原因分析**

    （1）光亮剂分解物积累；

图 8 – 15　色差

（2）镀液杂质多；

（3）锡层厚度不均匀。

- **危害**

　　影响外观。

- **鉴别**

　　用肉眼检查。

- **解决措施**

　　（1）用活性炭吸附；

　　（2）低电流电解；

　　（3）调整相关参数使锡层均匀。

缺陷 14　锡层脱落

- **定义与特征**

　　镀锡板表面锡层由于粘附性不好，发生脱落。

- **图谱**

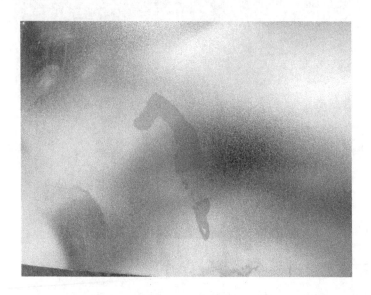

图 8 – 16　锡层脱落

- **原因分析**

  （1）镀液温度过低；

  （2）光亮剂过量；

  （3）前处理不当；

  （4）软熔温度高，保温时间长；

  （5）阴极电流密度过高。

- **危害**

  影响外观，影响耐蚀性。

- **鉴别**

  用肉眼检查。

- **解决措施**

  （1）提高镀液温度；

  （2）小电流电解处理或活性炭处理；

（3）加强前处理能力，保证前处理效果；

（4）降低软熔温度和保温时间；

（5）降低阴极电流密度。

缺陷 15　辊　印

- **定义与特征**

　　钢带表面沿轧制方向呈周期性分布的外观形状不规则的点状、块状、条状等凸凹缺陷或钢带表面发亮的印痕。

- **图谱**

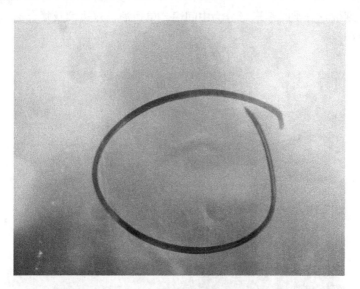

图 8－17　辊印

- **原因分析**

　　（1）基板有辊印；

　　（2）镀锡机组线上的转动辊有辊伤印在钢带上。

- **危害**

　　影响外观，影响成型。

- **鉴别**

  用肉眼检查。

- **解决措施**

  （1）严格检查基板板面；

  （2）确保镀锡机组线上各个辊子的表面质量完好。

缺陷16 浪 形

- **定义与特征**

  沿带钢运行方向钢带呈高低起伏弯曲，形似波浪的缺陷称为浪形。按宽度位置分类，浪形可分为中间浪、单边浪、双边浪及复合浪。

- **图谱**

图 8-18 浪形

- **原因分析**

  （1）基板本身浪形严重；

（2）拉矫机张力和弯曲辊的压下量及伸长率设定不合理；

（3）带钢未在机组中心线运行；

（4）机组线辊子凸度不合理。

- **危害**

影响使用。

- **鉴别**

用肉眼检查，量具测量，将钢带自由放在平台上测量浪形高度。

- **解决措施**

（1）严格控制基板板型在要求范围内；

（2）合理匹配拉矫机张力和弯曲辊压下量及伸长率；

（3）上卷时保证带钢在机组中心线上；

（4）合理设定机组线相关辊子的凸度。

缺陷 17　黄　斑

- **定义与特征**

镀锡板表面出现面积大小不等沿轧制方向分布的浅黄色的污斑，这种缺陷称为黄斑。在自然光下，有黄斑缺陷的板面光泽比没有黄斑缺陷的板面光泽明显发暗。

- **图谱**

- **原因分析**

（1）镀锡板表面擦伤、划伤；

（2）钝化效果不好；

（3）储存运输环境潮湿；

（4）软熔工艺不合理，加热时间长，温度高。

- **危害**

影响外观，影响耐蚀性。

图 8 – 19　黄斑

- **鉴别**

  用肉眼检查。

- **解决措施**

  （1）检查机组线的设备，避免与镀后带钢表面发生擦伤；

  （2）保证钝化效果；

  （3）保持储存运输环境的湿度环境要求；

  （4）合理控制软熔工艺。

缺陷18　未 软 熔

- **定义与特征**

  钢板表面全部或局部没有软熔，造成钢板表面无光泽，呈灰色的现象。

- **图谱**

图 8-20　未软熔

- **原因分析**

  （1）软熔导电辊故障；

  （2）软熔马弗炉故障；

  （3）软熔工艺不合理。

- **危害**

  影响外观效果，影响耐蚀性。

- **鉴别**

  用肉眼检查。

- **解决措施**

  （1）定期检查软熔导电辊和马弗炉，保证设备状况良好；

  （2）严格按照工艺制度执行。

9 其他缺陷

其他缺陷是指冷轧生产的各工序都可能因为来料质量不佳、条件有时不理想、操作不当和某些机械设备的不良作用而造成的带钢缺陷，以及钢卷在吊运、储存过程中可能出现的缺陷，例如磕碰、硌痕、塌卷、扁卷、塔形等，这些缺陷基本特征相同，产生的原因也基本类似。锈蚀在每个工序都可能产生，但是不同的工序产生的锈蚀的特征不同。下面介绍冷轧各工序及吊运、储存过程中常见的缺陷及特征、缺陷产生原因及解决措施。

缺陷1　锈　蚀

- **定义与特征**

　　钢卷表面呈现不规则的点状、块状、条片状的锈斑。锈蚀轻者颜色发黄，较重者颜色为黄褐色或红色，严重时为黑色，表面粗糙，可出现在带钢的任意部位，形状和面积大小不一。不同的生产工序产生的锈蚀特征不尽相同。

- **图谱**

- **原因分析**

　　（1）防锈油水分过多或防锈能力差；

　　（2）钢带涂油不均或涂油量过少；

　　（3）钢带与周围介质（空气、水等）特别是与腐蚀性介质接触，发生化学反应；

　　（4）钢卷在中间库储存时间过长，特别在温差大、空气潮湿的环境中；

图 9－1　轧后锈蚀

图 9－2　出炉后精整前锈蚀

（5）乳化液或平整液防锈性能不好或老化；

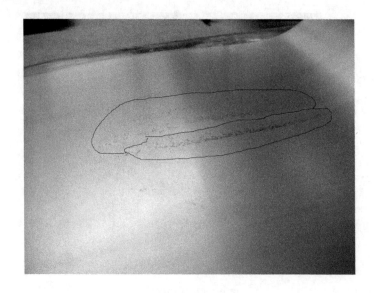

图9-3 涂油不均锈蚀

(6) 包装不良，钢卷运输途中进水；

(7) 轧机或平整机吹扫效果不好。

- **危害**

影响外观，影响涂装效果。

- **鉴别**

用肉眼检查，各个工序都可能出现锈蚀现象，不同的工序，出现的锈蚀表观特征是不同的，具体是哪个工序出现的锈蚀根据锈蚀的特征进行区分。

- **解决措施**

(1) 保证防锈油质量；

(2) 按规定涂防锈油，保证涂油均匀；

(3) 避免与腐蚀性介质接触；

(4) 保证钢卷储存库的温度和湿度环境；合理组织生产，防止钢卷在中间库停留时间过长；

（5）保证乳化液和平整液的防锈性能良好；

（6）确保产品包装良好，防止钢带运输、储存过程中进水；

（7）保证轧机和平整机的吹扫压力和流量。

缺陷2 硌 痕

● **定义与特征**

带钢在一面凸起，而在另一面凹进。硌痕沿轧制方向周期性或非周期性地出现。

● **图谱**

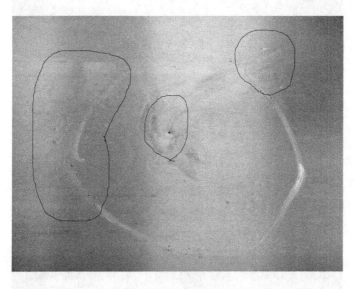

图9-4 板面硌痕

● **原因分析**

（1）在生产过程中与带钢相接触的张力辊、夹送辊等辊子上粘结凸起的杂物引起；

（2）钢卷存放场所不清洁，有硬物硌伤钢卷外圈；

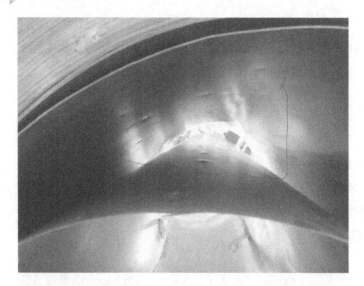

图 9 - 5 钢卷内圈硌痕

图 9 - 6 卷筒硌痕

（3）卷取机卷筒或套筒表面有异物粘结硌伤钢卷内圈；

（4）板面粘有异物。

- **危害**

  影响带钢外观，硌痕处容易开裂。

- **鉴别**

  用肉眼检查。

- **解决措施**

  （1）加强对辊系的检查，发现有缺陷及时更换；

  （2）加强对钢卷存放库检查、清理与擦拭；

  （3）加强卷取机卷筒和套筒的检查，发现有异物粘结及时清理；

  （4）保证板面清洁。

缺陷3　涂油不均

- **定义与特征**

  带钢表面涂油厚度不一致，有的地方涂油多，有的地方涂油少，甚至有的地方未涂油。

- **图谱**

图 9 - 7　涂油不均

- **原因分析**

    涂油机出现故障或刀梁堵塞。

- **危害**

    增加带钢生锈机会，缩短带钢的使用寿命。

- **鉴别**

    用肉眼检查。

- **解决措施**

    （1）做好设备的点检；

    （2）定期清理刀梁。

缺陷 4 碰 伤

- **定义与特征**

    钢卷的端面或者表面被碰伤。

- **图谱**

图 9－8 碰伤

- **原因分析**

　　（1）吊车、叉车运行不稳；

　　（2）钢卷有溢出、塔形等缺陷；

　　（3）操作人员疏忽；

　　（4）吊车、叉车防护不够。

- **危害**

　　磕碰部位边部损坏，宽度不足，影响使用。

- **鉴别**

　　用肉眼检查。

- **解决措施**

　　（1）保证吊车、叉车运行平稳；

　　（2）尽量保证钢卷外形良好，减小溢出和塔形等；

　　（3）加强对职工的素质教育；

　　（4）加强对吊车、叉车的防护。

缺陷 5　包装破损

- **定义与特征**

　　钢卷或钢板的外包装损坏或打包带松动。

- **图谱**

- **原因分析**

　　（1）吊装过程中的磕碰；

　　（2）包装材料不合格；

　　（3）未按包装规程包装。

- **危害**

　　容易造成锈蚀和带钢损坏。

- **鉴别**

　　用肉眼检查。

图 9 - 9 包装破损

- **解决措施**

  （1）吊装钢卷时轻吊轻放；

  （2）选择合格的包装材料；

  （3）严格按照包装规程包装。

缺陷 6 塌 卷

- **定义与特征**

  带卷卸卷后局部凹陷成心形，多发生在较薄的带材。

- **图谱**

- **原因分析**

  因张力等控制不当引起。

- **危害**

  影响下道工序上卷，影响使用。

图 9 – 10 塌卷

- **鉴别**

  用肉眼检查。

- **解决措施**

  （1）轧制薄带时，带头要留得长一些；

  （2）在卷取时，控制卷取张力，里层张力要大，卷取厚度达到一定的厚度时形成一个牢固的内圈，以后卷取张力适当减少，以避免对内卷的挤压；

  （3）内圈加套筒。

缺陷7 塔 形

- **定义与特征**

  钢卷外形缺陷，在钢卷的端面一圈比一圈高（或低），连续不断，形如宝塔，多出现于钢卷的内（外）圈部分。

- **图谱**

图 9 – 11 塔形

- **原因分析**

(1) 卷取机对中装置失灵,带钢跑偏;

(2) 带钢不平直,如镰刀弯、拉窄等;

(3) 板型不良,出现大边浪,使钢带超出光电管控制极限;

(4) 操作调整不当,卷筒收缩量小,推卷机推出钢卷时,内圈拉出。

- **危害**

影响包装,运输中容易磕碰。

- **鉴别**

用肉眼检查。

- **解决措施**

(1) 发现塔形卷时,降速运行,人工随时进行对中调节;

(2) 当无法纠偏时,根据情况进行分卷;

（3）严格控制好穿带头卷取，当带头板型不好时，应及时切除；

（4）确保卷取张力正常，满足工艺制度要求。

缺陷8 扁 卷

- **定义与特征**

  钢卷卧放时内径不圆，严重的钢卷内径全塌。

- **图谱**

图9－12 扁卷

- **原因分析**

  （1）在整个卷取过程中，卷取张力都小于设定张力，卸卷以后便暴露，尤其以薄规格产品较为明显，厚规格产品，经退火后平整上料时暴露出来；

  （2）吊车吊运时，吊起或放下用力过猛，受外力震动所致；

  （3）储存时堆放层数多，压扁。

- **危害**

  影响下道工序上卷，严重者影响吊装。

- **鉴别**

  用肉眼检查。

- **解决措施**

  （1）操作中给定张力要合理；

  （2）吊车吊运钢卷时轻吊轻放；

  （3）储存时按堆放要求执行；

  （4）薄规格带钢采用套筒。

缺陷9 溢 出

- **定义与特征**

  钢卷边部局部卷取不齐，有数圈带钢突出。

- **图谱**

图 9-13 溢出

- **原因分析**

  （1）板型较差；

  （2）卷取张力过小及波动；

  （3）头部卷取没对中，内圈跑偏；

  （4）来料溢出严重。

- **危害**

  影响包装，吊运过程中容易磕碰。

- **鉴别**

  用肉眼检查。

- **解决措施**

  （1）严格控制好板型，对带头板型不好的部分，应切除；

  （2）严格控制卷取张力；

  （3）发现来料溢出边时，及时采取手动对中调节；

  （4）发现溢出严重的，及时分卷。

缺陷 10　松　卷

- **定义与特征**

  钢卷未卷紧，层与层之间松散。

- **图谱**

- **原因分析**

  无张力辊式卷取机卷取出现得较多，卷筒卷取的问题一般发生在钢卷内外圈，另外就是打包带未捆紧。

- **危害**

  容易造成层间擦伤。

- **鉴别**

  用肉眼检查。

图 9-14 松卷

- **解决措施**

（1）无张力辊式卷取机卷取时，弯曲辊直径设计要合理并调整好弯曲辊的间隙；

（2）内圈尽量用锁扣锁紧，外圈打包时用打包带打紧。

缺陷11 卷取不良

- **定义与特征**

钢卷卷取后端面不整齐。

- **图谱**

- **原因分析**

（1）板型不良；

（2）张力设定不合理；

（3）机组纠偏失灵。

图 9 - 15　卷取不良

- **危害**

　　容易造成层间擦伤。

- **鉴别**

　　用肉眼检查。

- **解决措施**

　　（1）保证带钢板型良好；

　　（2）严格按照工艺制度设定张力值；

　　（3）定期检修设备，发现纠偏失灵，立即处理。

缺陷 12　气　泡

- **定义与特征**

　　钢带表面无规律分布的圆形或椭圆形凸包，有时呈蚯蚓式的直线状。其外缘比较光滑，内有气体，当气泡轧破后，钢带表面呈黑色细小裂缝。

● **图谱**

图 9 - 16   气泡

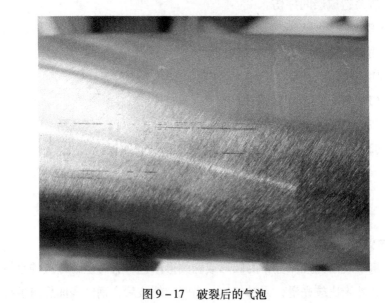

图 9 - 17   破裂后的气泡

- **原因分析**

　　气泡通常是在半成品中由于非金属夹杂物不能焊合的空穴产生的，它们在冷轧中不常见，在后续的加工成型过程中则很常见。主要形成原因是热轧基板本身有夹渣，带钢加工过程（酸洗或者磷化等）中吸收氢原子聚集在夹渣内形成气泡。

- **危害**

　　使带钢的力学性能降低，导致后续加工使用过程中产生焊接不良。

- **鉴别**

　　肉眼可以判定，不易与其他缺陷混淆。

- **解决措施**

　　（1）控制热轧原料的质量；

　　（2）控制后续加工过程（酸洗或者磷化）工艺。

参 考 文 献

[1] 于政禄. 带钢连续酸洗 [M]. 北京：冶金工业出版社，1975.

[2] 陈龙官，黄伟. 冷轧薄钢板酸洗工艺与设备 [M]. 北京：冶金工业出版社，2005.

[3] 黄先球，等. 冷轧酸洗钢板表面黑斑缺陷分析 [J]. 钢铁，2005，40 (5)：72~74.

[4] 赵家骏. 冷轧带钢生产问答 [M]. 北京：冶金工业出版社，1985.

[5] 傅作宝. 冷轧薄钢板生产 [M]. 2 版. 北京：冶金工业出版社，2005.

[6] 冶金工业部钢铁研究院. 钢的表面缺陷图谱 [M]. 北京：冶金工业出版社，1974.

[7] 孙建林. 轧制工艺润滑原理·技术与应用 [M]. 北京：冶金工业出版社，2004.

[8] 宝山钢铁股份有限公司研究院. 冷轧钢板表面缺陷控制技术交流论文集 [C]. 上海，
2009 年 8 月.

[9] 德国钢铁学会. 热轧、冷轧、热镀、电镀金属板带的表面缺陷图谱 [M]. 中国金属
学会编译.

[10] 周国盈. 带钢精整设备 [M]. 北京：机械工业出版社，1979.

[11] 杨必祥，等. 冷轧板带边部剪切质量的控制与研究 [J]. 冶金设备，2008，171
(5)：49~52.

[12] 胡乐康，谢应明. 冷轧罩式炉退火卷黑带产生的原因及防范措施 [J]. 新疆钢铁，
2006，99 (6)：39~40.

[13] 王学慧. 酸洗缺陷预防措施及解决办法 [J]. 冶金标准化与质量，2006 (3)：44~
46.

[14] 徐亮，饶洪宇. 浅谈冷轧带钢精整表面缺陷 [J]. 金属世界，2007，4：28~29.

[15] 黄生银，甄圣明. 冷轧圆盘剪切边过程中常见问题处理 [J]. 江苏冶金，2008，36
(6)：62~63.

[16] 唐成龙. 冷轧带钢"拉矫机横向振动纹"的成因分析 [J]. 冶金设备，2004，144：
5~8.

[17] 王业科. 冷轧产品的质量及质量控制 [J]. 钢铁技术，2004，4：4~7.

[18] 李九玲. 带钢连续热镀锌 [M]. 北京：冶金工业出版社，1995.

[19] 关立凯. 沉没辊划伤缺陷的研究 [J]. 本溪冶金高等专科学校学报，2004，6 (2)：
7~9.

[20] 李林，高毅. 镀锌板表面锌渣缺陷的控制 [J]. 上海金属，2007，29 (5)：87~90.

[21] 高强，王溪钢. 热镀锌钢板锌流纹缺陷成因分析与消除方法 [J]. 轧钢，2008，25
(4)：52~54.

［22］蒋英箴．热镀锌钢板质量缺陷浅析［J］．轧钢，2006，23（1）：70～72.

［23］张向英，翁富．热镀锌拉矫纹产生原因分析和解决对策［J］．中国钢铁业，2010，6：27～28.

［24］葛建华．热轧热镀锌板表面划伤原因浅析［J］．天津冶金，2008，147（3）：14～15.

［25］张向英．产生锌花大小不均的原因分析［J］．中国钢铁业，2011，6：32～33.

［26］马亚丽，钟捷．浅谈电镀锡板的生产技术［J］．制造业自动化，2008，30（3）：82～84.

［27］何建峰．宝钢镀锡板翘曲原因分析与对策［J］．宝钢技术，2004，1：36～39.

［28］朱立，徐小莲．彩色涂层钢板技术［M］．北京：化学工业出版社，2004.

冶金工业出版社部分图书推荐